总主编 陆建隆 刘爱武

五年制高等职业教育公共基础课程教材

物理 通用类

物理编写组 编

苏州大学出版社　高等教育出版社

总 主 编　陆建隆　刘爱武
本册主编　王　巍
编　 者　（按姓氏笔画排序）
　　　　　王　巍　刘松辰　刘爱武　刘淑娟　杨凤琴　吴　鸣
　　　　　汪　聪　张常飞　陆建隆　陈　乾　陈红利　孟宪辉
　　　　　胡慧青　徐盼林　高　轩　谢智娟

图书在版编目（CIP）数据

物理. 通用类 / 物理编写组编；王巍主编. --苏州：苏州大学出版社，2024.7
ISBN 978-7-5672-4785-7

Ⅰ.①物… Ⅱ.①物…②王… Ⅲ.①物理学－高等职业教育－教材 Ⅳ.①O4

中国国家版本馆CIP数据核字（2024）第089201号

书　　名：	物理（通用类）
编　　者：	物理编写组
主　　编：	王　巍
责任编辑：	马德芳
装帧设计：	吴　钰
出版发行：	苏州大学出版社（Soochow University Press）
社　　址：	苏州市十梓街1号　邮编：215006
网　　址：	www.sudapress.com
邮　　箱：	sdcbs@suda.edu.cn
联合出品：	高等教育出版社
印　　装：	江苏图美云印刷科技有限公司
销售热线：	0512-67481020
开　　本：	890 mm×1 240 mm　1/16　印张：13.75　字数：285千
版　　次：	2024年7月第1版
印　　次：	2024年7月第1次印刷
书　　号：	ISBN 978-7-5672-4785-7
定　　价：	39.80元

凡购本社图书发现印装错误，请与本社联系调换。服务热线：0512-67481020

五年制高等职业教育公共基础课程教材
出版说明

五年制高等职业教育（简称"五年制高职"）是以初中毕业生为招生对象，融中高职于一体，实施五年贯通培养的专科层次职业教育，是现代职业教育体系的重要组成部分。新修订的《中华人民共和国职业教育法》明确，"中等职业学校可以按照国家有关规定，在有关专业实行与高等职业学校教育的贯通招生和培养"。中办、国办发布的《关于深化现代职业教育体系建设改革的意见》明确，"支持优质中等职业学校与高等职业学校联合开展五年一贯制办学"。五年制高职是职业教育贯通培养的一种模式创新，近年来在全国各省份办学规模迅速扩大，越来越受到广泛认可。

江苏省解放思想、率先探索，于2003年成立江苏联合职业技术学院，专门开展五年贯通高素质长周期技术技能人才培养。办学二十多年来，江苏联合职业技术学院以"一体化设计、一体化实施、一体化治理"的育人理念指导人才培养改革实践，丰富了现代职业教育体系内涵；开发了一整套教学标准，填补了中高职贯通教学标准空白；搭建了一系列协同平台，激发了省域联动集约发展活力。学院主持的"五年贯通'一体化'人才培养体系构建的江苏实践"获评2022年职业教育国家级教学成果奖特等奖。

为彰显长周期技术技能人才培养特色，不断提升五年制高职人才培养质量，在全国五年制高等职业教育发展联盟成员单位的支持下，江苏联合职业技术学院持续滚动开发了整套五年制高职公共基础课程教材。本套五年制高职公共基础课程教材以习近平新时代中国特色社会主义思想为指导，落实立德树人根本任务，坚持正确的政治方向和价值导向，弘扬社会主义核心价值观；依据教育部《职业院校教材管理办法》和江苏省教育厅《江苏省职业院校教材管理实施细则》等要求，注重系统性、科学性和先进性，突出实践性和适用性，体现职业教育类型特色；以江苏省教育厅2023年最新颁布的五年制高职公共基础课程标准为依据，遵循技术技能人才成长的渐进性规律，坚持一体化设计，结构严谨，内容科学，呈现形式灵活多样，配套资源丰富多彩，是为五年制高职量身打造的专用公共基础课程教材。

本套五年制高职公共基础课程教材由高等教育出版社、苏州大学出版社联合出版。

五年制高等职业教育发展联盟秘书处
江苏联合职业技术学院
2024年7月

前 言

2021年，教育部办公厅印发了《"十四五"职业教育规划教材建设实施方案》（以下简称《方案》）。《方案》指出，"十四五"职业教育规划教材建设要全面贯彻党的教育方针，落实立德树人根本任务，凸显职业教育类型特色。《方案》中特别提到，要规范建设公共基础课程教材，完善基于课程标准的职业院校公共基础课程教材编写机制。

2023年，江苏省教育厅正式颁布了《五年制高等职业教育物理课程标准（2023年）》（以下简称《课程标准》）。本次五年制高职物理教材的编写由江苏联合职业技术学院组织，以《课程标准》为依据，对五年制高职物理教材的设计理念、结构和内容等方面进行了重构。希望通过本套教材全方位贯通物理学科核心素养与内容的融合，切实提高五年制高职教育的品质和影响力。

为了使学生能更好地学习物理知识、探索浩瀚的物理世界，教材设计了以下栏目：

活动 通常包含由学生自己动手操作的小实验和自主思考的小问题，助力学生知识的习得和能力的提升。

方法点拨 在学习相关知识时指出所运用的物理思维方法，帮助学生拓展思维。

信息快递 提供特定的信息，突破学生的知识盲区。

生活·物理·社会 介绍本节所学内容与生活、社会的联系，旨在说明物理学知识在社会生产生活中的应用。

中国工程 对中国现代大型科技工程进行介绍，帮助学生了解我国在一些领域取得的杰出成就。

拓展阅读 在相关内容后提供阅读材料，帮助学生拓宽视野。

物理与职业 将本节所学知识与现代职业方向联系起来，为学生做职业规划提供参考。

实践与练习 每节后的练习题，帮助学生学会应用本节所学知识解决问题。

小结与评价 每章末的总结，包括引导学生归纳本章所学知识的"内容梳理"和联系真实生活情境的"问题解决"。

这些栏目与正文内容有机融合，提高了教材的趣味性、针对性、可读性与可操作性，有助于师生更好地利用教材完成教学活动。

本套教材的编写主要突出以下六个方面的特色：

1. 立德树人，坚持育人导向

教材的编写全面贯彻党的教育方针、落实立德树人根本任务，坚持用习近平新时代中国特色社会主义思想和党的二十大精神铸魂育人。一方面，融入了优秀传统文化，增强学生对优秀传统文化的认识，激发学生对优秀传统文化的热爱。另一方面，设置了"中国工程"栏目，向学生介绍我国科技发展的先进成果，促进学生爱国热情和民族自豪感的提升，帮助学生树立科技报国的信念。

2. 紧扣课标，优化教材结构

教材的编写以《课程标准》为依据，围绕学生必修的内容，将《课程标准》中的基础模块和拓展模块进行有机融合。根据学生所修专业的不同需求，将教材设计为四个平行版本，即通用类、机械建筑类、电子信息类和医药卫生类。同时，依照《课程标准》中"强化实践教学，提升操作技能"的要求，重视实验模块的设置。学生必做实验自成一节，常规章节中也加强对演示实验和动手实践类活动的设置，提高实验与实践在教材中所占的比例，以期通过教材带动五年制高职物理实践教学的高质量发展。

3. 联系生活，彰显职教特色

教材从章导页、节导言，到正文选用的例题与习题情境，以及特色栏目"生活·物理·社会"等，都尽量选用来源于社会生产实践和学生生活的素材，力求使学习内容紧密联系生活实际，坚持"从生活走向物理、从物理走向社会"的导向。考虑到五年制高职学生普遍的就业方向和专业发展，教材设置了特色栏目"物理与职业"，在学习一些特定的内容时向学生介绍与该内容相关的职业及其专业技能、所需的知识储备等，帮助学生拓宽视野，结合物理学知识了解相关职业的信息，做好职业规划、明确努力方向，为今后的职业发展打下良好的基础。

4. 紧跟时代，关注科技创新

教材融入了一些与现代社会生活、科技发展关联性较强的案例，如神舟飞船、无线充电等。这些内容提高了教材的现代感，在促进学生提升物理学科学习兴趣的同时，也引导学生关注科技发展与创新，志存高远，立志为科技事业贡献自己的力量。

5. 例题引领，重视解题反思

教材例题遵循"分析—解—反思与拓展"的模式。"分析"呈现对问题的思考过程，并涵盖联系所学知识、问题拆分、模型建构等环节；"解"给出问题的解决过程，重视解题过程的规范性；"反思与拓展"总结该类题目的解题模式，学会举一反三地提出一些问题，供学生在解题后进一步反思。通过教材例题引领，学生在解题时关注思维过程，规范语言表达，重视反思拓展。

6. 练习设计，指向问题解决

为了体现《课程标准》对学业质量的要求，教材的例题和习题中都适当加入了富含情境元素的问题，每一章的"问题解决"部分也尽可能提供了一些综合性较强的真实情境问题。所选用的情境与学生的学习生活或实践经历息息相关，以期学生在学习过程中能产生亲切感，体会物理学的基础性和实用性，从而产生学习物理学的热情，乐于、善于利用所学物理知识和方法解释自然现象、解决实际问题。

由于时间仓促，编者水平有限，书中难免有不当之处，恳请读者提出宝贵意见，以供再版时修正和完善。

物理编写组

2024 年 6 月

目 录

第1章 匀变速直线运动 ············· 1

  1.1 运动的描述 ············· 2

  1.2 匀变速直线运动 ············· 8

  1.3 学生实验：测量物体运动的速度和加速度 ············· 16

  1.4 自由落体运动 ············· 20

第2章 相互作用与牛顿运动定律 ············· 29

  2.1 重力 弹力 摩擦力 ············· 30

  2.2 学生实验：探究两个互成角度的力的合成规律 ············· 36

  2.3 力的合成与分解 ············· 39

  2.4 学生实验：探究物体运动的加速度与物体受力、物体质量的关系 ············· 44

  2.5 牛顿运动定律 ············· 48

  2.6 牛顿运动定律的应用 ············· 54

第3章 抛体运动与匀速圆周运动 ············· 61

  3.1 曲线运动 ············· 62

  3.2 运动的合成与分解 ············· 65

  3.3 学生实验：探究平抛运动的特点 ············· 68

  3.4 抛体运动 ············· 71

  3.5 匀速圆周运动 ············· 76

第4章 万有引力与航天应用 ············· 89

  4.1 开普勒行星运动定律 ············· 90

4.2　万有引力定律 ·· 95
　4.3　宇宙速度与航天应用 ·· 101

第5章　功和能 ·· 109

　5.1　功　功率 ··· 110
　5.2　动能　动能定理 ··· 117
　5.3　重力势能　弹性势能 ·· 122
　5.4　机械能守恒定律 ··· 127
　5.5　学生实验：验证机械能守恒定律 ·· 133

第6章　静电场与恒定电流 ··· 139

　6.1　静电　库仑定律与电场 ·· 140
　6.2　电场强度　电场线 ··· 147
　6.3　电势能　电势 ·· 154
　6.4　恒定电流　闭合电路欧姆定律 ·· 160
　6.5　学生实验：用多用表测量电学中的物理量 ·························· 166
　6.6　电功与电功率 ·· 170
　6.7　能量转化与守恒 ··· 174

第7章　电与磁 ·· 179

　7.1　磁场　磁感应强度 ··· 180
　7.2　安培力 ·· 187
　7.3　学生实验：制作简易直流电动机 ······································· 192
　7.4　电磁感应 ··· 194
　7.5　电磁感应现象的应用 ·· 199
　7.6　电磁振荡　电磁波 ··· 204

第1章
匀变速直线运动

随着 2017 年 6 月 26 日 "复兴号" 在京沪高铁的北京南站和上海虹桥站双向首发，我国迎来了中国标准动车组时代。复兴号在世界上首次实现时速 350 km 自动驾驶功能，成为中国高铁自主创新的又一重大标志性成果。列车在轨道上运行，如何描述它的运动规律呢？本章我们将学习相关的内容。

主要内容	◎ 运动的描述 ◎ 匀变速直线运动 ◎ 学生实验：测量物体运动的速度和加速度 ◎ 自由落体运动

1.1 运动的描述

在初中物理中，我们学习过平均速度，平均速度可以用来描述物体运动的平均快慢。汽车在行驶时，驾驶员通过查看汽车的车速表就可以知道所驾驶车辆的行驶速度。车速表显示的速度是平均速度吗？

1.1.1 参考系　质点

要描述一个物体的运动，首先要选定"其他某个物体或系统"作为参照，观察物体的位置相对于"其他某个物体或系统"随时间的变化以及怎样变化。这种用来作为参照的物体或系统称为**参考系**。

一个物体的运动状态的确定，取决于所选取的参考系。所选取的参考系不同，得到的结论不一定相同，这就是运动的相对性。比如你乘坐高铁时，以运动的列车作为参考系，看到你面前的茶杯是静止的。但若以地面作为参考系，茶杯却在高速运动。可见，运动与静止是相对的，人们需要确定一个参考系来描述物体的运动状态。

生活中，物体的运动随处可见，如道路上行驶的汽车、太阳的升起和下落、地球的自转等。在物理学中，如何描述物体的运动呢？我们把物体空间位置随时间的变化称为机械运动。机械运动是自然界中最基本的运动形态。

如图1.1.1所示，人在跑步时，手臂和腿上各点的运动情况不尽相同，要想描述清楚这些点的运动情况是非常困难的。但是，当研究人体运动的位置变化时，可以忽略人体上各点运动的差异，将人体抽象为一个只有质量、没有大小的点。用这个点的位置代替人体整体的位置，其运动轨迹则可近似视为一条较为简单的曲线，

图1.1.1　跑步者的质点模型

在图 1.1.1 下面用黑点表示人在跑步时其运动位置的变化，可以看出人在沿直线运动。采用质点的方法可以使问题简化，便于研究物体运动时的位置变化。

在可以忽略物体的大小和形状的条件下，用来代替物体的具有质量的点称为**质点**。质点是一种理想化的物理模型。

方法点拨

在物理学中，在物体原型的基础上，为突出问题的主要方面、忽略次要因素，经过科学抽象，通过建立模型来揭示原型的形态、特征和本质的方法称为模型建构法。

一个物体能否被看成质点是由所要研究的问题性质决定的，与物体本身无关。如果物体本身的大小和形状对所研究的问题没有影响或影响很小，那么可将物体看作质点。

如图 1.1.2 所示，当研究地球绕太阳公转时，可以将地球看作质点，此时地球的大小和形状对所考虑的问题无明显影响；而当研究地球自转时，就不能把地球看作质点了。

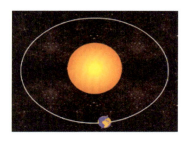

图 1.1.2 地球绕太阳公转

1.1.2 位置与位移　时刻与时间

某人从甲地到乙地去旅行，可以乘汽车、高铁、轮船或飞机。选择不同的交通工具，从甲地到乙地的位置变化都是相同的，但是每种交通工具所经过的路径（或轨迹）并不相同，如图 1.1.3 所示。我们把物体在运动过程中通过的路径（或轨迹）的长度称为**路程**。

在物理学中，通常用**位移**来表示物体位置的变化。我们用一条由起点指向终点的有向线段来表示位移。位移的大小就是从起点至终点的直线距离，方向由起点指向终点。在图 1.1.3 中，带箭头的有向线段表示从甲地到乙地的位移，线段的长度表示位移的大小，箭头的指向表示位移的方向。

根据物体的起点位置和位移，可以唯一确定其终点位置。如图 1.1.3 所示的四种交通工具虽然经过的路程各不相同，但位移都相同；而且在任何情况下，路程均不小于位移的大小。

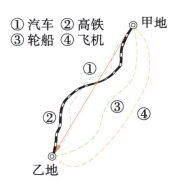

图 1.1.3 从甲地到乙地的路线图

在物理学中，把位移这类既有大小又有方向的物理量称为**矢量**，把质量、路程这类只有大小没有方向的物理量称为**标量**。

要描述物体位置随时间的变化，首先要清楚"时刻"和"时间"的含义。

例如，上午 8 时 20 分上课、9 时下课，这里的"8 时 20 分"和"9 时"分别指上课开始和结束的**时刻**，而这两个时刻之间的间隔——40 min，则称为时间间隔，简称**时间**。

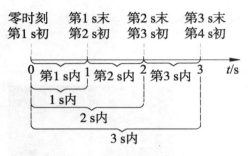

图 1.1.4　时刻与时间的数轴表示方法

如果用数学中的数轴来表示时间，那么这个数轴就称为时间轴，如图 1.1.4 所示。在时间轴上，可以用点表示时刻，用线段表示时间。一段时间的起始时刻叫作初时刻，终止时刻叫作末时刻。例如，第 1 s 初和第 1 s 末分别是这 1 s 的初时刻和末时刻。

我们日常生活中所说的"时间"，有时指时刻，有时指时间间隔。

1.1.3　速度　平均速度　瞬时速度

不同物体的运动，其位置变化的快慢往往不同，那么怎样描述物体运动的快慢呢？在物理学中，用物体的位移 s 与发生这段位移所用时间 t 之比表示物体位置变化的快慢，称为**速度**，用 v 表示，即

$$v = \frac{s}{t} \tag{1.1.1}$$

在国际单位制中，速度的单位是米/秒（m/s 或 m·s^{-1}）。常用的单位还有千米/时（km/h 或 km·h^{-1}）、厘米/秒（cm/s 或 cm·s^{-1}）等。速度是矢量，它既有大小，又有方向。速度的大小称为**速率**，速率是标量。速度的方向与物体运动的方向相同。物体在某一段时间内，运动的快慢通常是变化的，所以 $v = \frac{s}{t}$ 表示的速度只是物体在时间 t 内运动的平均快慢程度，称为**平均速度**，用 $\bar{v}$ 表示。

方法点拨

用两个基本物理量的"比"来定义一个新的物理量的方法称为比值定义法。比如：物质的密度、速度、电阻等。一般来说，被定义的物理量往往反映物质的本质属性，它不随基本物理量的大小取舍而改变。

例题

2021年，在东京奥运会半决赛的赛场上，中国选手苏炳添在男子100 m半决赛中打破亚洲纪录，以小组赛第一名的排位晋级总决赛。本次半决赛苏炳添百米赛跑成绩是9.83 s，这个成绩打破百米亚洲短跑纪录，求他在本次比赛中的平均速度。

分析 已知运动员的位移是100 m，所用时间是9.83 s，利用速度公式可以求解平均速度。

解

$$\bar{v} = \frac{s}{t} = \frac{100}{9.83} \text{ m/s} \approx 10.17 \text{ m/s}$$

反思与拓展

由计算结果可知，苏炳添百米赛跑的平均速度为10.17 m/s。但是，他在起跑、中途和冲刺三个阶段的速度是不同的，即在这三个阶段运动的快慢并不相同。平均速度描述了物体在一段时间内运动的平均快慢程度及方向。怎样描述物体在某一时刻运动的快慢和方向呢？

如果将物体的整个运动过程无限细分，用由时刻t到$t+\Delta t$一小段时间内的平均速度来代替时刻t物体的速度，能更精确地描述物体做变速运动的快慢，分段越多，描述就越精确。每一小段运动的平均速度就趋近于经过该小段内某位置的速度。

我们把运动物体在某时刻或经过某位置的速度称为**瞬时速度**。瞬时速度是矢量，相较于平均速度，它可以更加精确地描述物体做变速运动的快慢和方向。

中国工程

北斗卫星导航系统

北斗卫星导航系统，简称BDS，是中国自行研制的全球卫星导航系统，也是继GPS、GLONASS之后的第三个成熟的卫星导航系统。北斗卫星导航系统由空间段、地面段和用户段三部分组成，可在全球范围内全天候、全天时为各类用户提供高精度、高可靠定位、导航、授时服务，并且具备短报文通信能力，已经初步具备区域导航、定位和授时能力，定位精度为分米、厘米级别，测速精度为0.2 m/s，授时精度优于20 ns。

古代的人们用北斗星座来定位方向，所以我国的卫星导航系统也成了现代的北斗。如图1.1.5所示是北斗三号卫星，它以固定的周期在高空环绕地球运行，由于其距离地面较远，地面上的人甚至汽车、飞机和轮船等物体都可看作质点。卫星通过与信号接收机的无线通信联系，可计算出卫星到接收机的精确距离，从而判断出接收机处于以卫星为球心、以该距离为半径的球面上，如果有三颗卫星相互配合，即可确定接收机的具体位置。

图1.1.5 北斗三号卫星

北斗卫星导航系统的服务已覆盖所有行业领域，在交通运输、智慧农业、无人驾驶、航空航天、电子信息、通信等多个领域，为国家经济持续增长提供动力。

实践与练习

1. 平常说的"一江春水向东流""地球的公转""钟表的时针在转动""太阳东升西落"等，分别是指什么物体相对什么参考系在运动？

2. 2015年12月，金丽温高铁开通，沿线各城市间的通行时间大幅缩短，提高了旅客的出行效率。金华到温州的线路全长约188 km，早上7时16分某乘客乘坐某次高铁列车从金华到温州只需要1 h 24 min，列车最高时速可达200 km/h。请回答下列问题：

(1) 早上7时16分、1 h 24 min分别是指时间还是时刻？

(2) 全长约188 km是指路程还是位移？

(3) 200 km/h是指平均速度还是瞬时速度？

(4) 测量高铁列车完全通过一个短隧道的时间，可以将高铁列车看成质点吗？为什么？

3. 汽车从制动到停止共用了 5 s，这段时间内汽车每 1 s 前进的距离分别是 9 m、7 m、5 m、3 m、1 m。

（1）分别求汽车前 1 s、前 2 s、前 3 s、前 4 s 和全程的平均速度。在这五个平均速度中，哪一个最接近汽车刚制动时的瞬时速度？它比这个瞬时速度略大些，还是略小些？

（2）汽车运动的最后 2 s 的平均速度是多少？

1.2 匀变速直线运动

在短跑比赛中，发令枪一响，运动员们像离弦之箭冲出起跑线，有的运动员冲到了前面，这说明他的速度比其他运动员增加得快。不同的运动中，速度变化的快慢往往是不同的。如何描述速度变化的快慢呢？

1.2.1 加速度

我们日常观察到的物体，其运动速度经常是不断变化的。例如，汽车启动后，速度越来越大；行驶中的汽车制动后，速度越来越小。人们把瞬时速度不断变化的直线运动，称为**变速直线运动**。

物体速度变化量相同，所用时间短的，速度变化得快。如果两个物体速度变化量不同，所用时间也不同，怎样比较它们速度变化的快慢呢？

活动

比较速度变化的快慢

飞机以 800 km/h 的速度沿直线匀速飞行；汽车在 10 s 内其速度由 0 m/s 加速到 30 m/s；赛车沿赛道启动，从静止加速到 100 km/h 约需 2.5 s。以上三种情况中：

（1）哪个物体的速度变化量最大？哪个物体的速度变化量最小？

（2）哪个物体的速度变化最快？哪个物体的速度变化最慢？说出你的依据。

物理学中把速度的变化量与发生这一变化所用时间之比，称为**加速度**，通常用 a 表示。若用 v_0 表示运动物体开始时刻的速度（初速度），用 v_t 表示经过一段时间 t 的速度（末速度），速度的变化量 $\Delta v = v_t - v_0$，加速度是速度随时间的变化率，即

$$a = \frac{\Delta v}{t} = \frac{v_t - v_0}{t} \quad\quad (1.2.1)$$

由式（1.2.1）可以看出，加速度在数值上等于单位时间内速度的变化量。在国际单位制中，加速度的单位是米/秒² （m/s² 或 m·s⁻²）。

例1

汽车的"百公里加速时间"是反映汽车动力性能的重要指标。某轿车的百公里加速时间为 6.71 s，求该车从静止加速到 100 km/h 的加速度大小。

分析 汽车的"百公里加速时间"是指该车从静止加速到 100 km/h 所需要的时间。把汽车抽象为质点，假设汽车在加速过程中沿直线运动，根据加速度的定义，利用已知条件可求得该车的加速度大小。

解 以汽车为对象，汽车的初速度大小为 $v_0 = 0$ m/s。汽车从静止加速到 100 km/h 所用时间是 $t = 6.71$ s，汽车的末速度大小为

$$v_t = 100 \text{ km/h} \approx 27.8 \text{ m/s}$$

根据加速度的定义可得，该车由静止加速到 100 km/h 的加速度大小为

$$a = \frac{v_t - v_0}{t} = \frac{27.8}{6.71} \text{ m/s}^2 \approx 4.14 \text{ m/s}^2$$

反思与拓展

"百公里加速时间"是汽车动力最直观的体现。一般 1.6 L 紧凑型轿车"百公里加速时间"为 11~13 s，2.0 T 的中型轿车"百公里加速时间"为 7~8 s，而超级跑车的"百公里加速时间"一般小于 3.8 s。目前新能源汽车的百公里加速性能普遍优于燃油车。

表 1.2.1 中数据反映了一些物体加速度大小的数量级。

表 1.2.1 一些物体加速度大小的数量级

物体	加速度大小的数量级
加速器中的质子	10^{15}
击发后枪膛中的子弹	10^{5}
离弦的箭	10^{3}
点火升空时的火箭	10^{2}

续表

物体	加速度大小的数量级
地球上做自由落体运动的物体	10^1
月球上做自由落体运动的物体	10^0
启动时的列车	10^{-1}
起航时的万吨货轮	10^{-2}

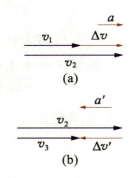

图 1.2.1 加速度方向与速度方向的关系

加速度与速度同为矢量。根据加速度的定义可知，加速度 a 的方向与速度的变化量 Δv 的方向一致。一辆沿直线行驶的汽车在 5 s 内速度由 15 m/s 增加到 25 m/s，在随后的 5 s 内速度减小到 15 m/s。取汽车的前进方向为正方向，分别画出两段时间内的初速度与末速度矢量。如图 1.2.1（a）所示，在第 1 个 5 s 内，汽车速度的变化量 $\Delta v = v_2 - v_1 = 25$ m/s $- 15$ m/s $= 10$ m/s，加速度大小 $a = \dfrac{\Delta v}{t} = 2$ m/s^2。

如图 1.2.1（b）所示，在第 2 个 5 s 内，汽车速度的变化量 $\Delta v' = v_3 - v_2 = 15$ m/s $- 25$ m/s $= -10$ m/s，加速度大小 $a' = \dfrac{\Delta v'}{t} = -2$ m/s^2。

在这两个过程中，汽车加速度的大小相同，但前者为正，后者为负，加速度的正、负表示其方向与正方向相同或相反。由此可见，运动物体加速度的方向不一定与速度方向一致。

在直线运动中，若物体的加速度与其速度方向相同，则表示物体的速度大小在增大，物体做加速运动；若物体的加速度与其速度方向相反，则表示物体的速度大小在减小，物体做减速运动。

1.2.2 匀变速直线运动的规律

物体沿直线做加速度不变的运动，即物体做**匀变速直线运动**。在匀变速直线运动中，如果物体的速度随时间均匀增加，这种运动称为**匀加速直线运动**；如果物体的速度随时间均匀减小，这种运动称为**匀减速直线运动**。

通常选定一个方向为正方向，在确定正方向后，我们便可用正、负号表示位移、速度和加速度的方向。这样，匀减速直线运动与匀加速直线运动的规律相同。

➤ 匀变速直线运动中速度与时间的关系

由加速度的公式 $a = \dfrac{v_t - v_0}{t}$，可得速度与时间的关系为

$$v_t = v_0 + at \qquad (1.2.2)$$

例2

一辆汽车以 36 km/h 的速度在平直公路上匀速行驶。从某时刻起，汽车以 0.6 m/s² 的加速度加速，10 s 末因故突然紧急刹车，随后它停了下来。汽车刹车时做匀减速运动的加速度大小是 6 m/s²。

（1）汽车在 10 s 末的速度大小为多大？

（2）汽车从刹车到停下来用了多长时间？

分析 依题意可知，汽车在加速和减速过程中，其加速度大小不变，汽车一直在做匀变速直线运动。

第（1）问是已知初速度、加速的时间，求末速度。第（2）问是已知末速度，求减速的时间。两个问题都需要用匀变速直线运动的速度与时间的关系式来求解。其中，第（2）问中汽车的加速度的方向与速度、位移的方向相反，需要选定正方向。

解 （1）以汽车的运动方向为正方向，汽车做匀加速直线运动。已知初速度 $v_0 = 36$ km/h $= 10$ m/s，加速度 $a = 0.6$ m/s²，加速时间 $t = 10$ s。

由速度与时间的关系式可得汽车在 10 s 末的速度为

$$v_t = v_0 + at = (10 + 0.6 \times 10) \text{ m/s} = 16 \text{ m/s}$$

（2）以汽车的运动方向为正方向，汽车从第 10 s 末开始做匀减速直线运动，减速时初速度 $v_0 = 16$ m/s，末速度 $v_t = 0$，加速度 $a = -6$ m/s²。根据 $v_t = v_0 + at$ 得

$$t = \dfrac{v_t - v_0}{a} = \dfrac{0 - 16}{-6} \text{ s} \approx 2.67 \text{ s}$$

反思与拓展

（1）一般取初速度方向为正方向，与正方向一致的量取正号，与正方向相反的量取负号。

（2）在匀减速直线运动中，加速度取负值。

匀变速直线运动中位移与时间的关系

建立一个平面直角坐标系，以速度 v 为纵轴、时间 t 为横轴，将物体运动的每一时刻的速度作为一个点画出，连接每个点就形成速度-时间图像，即 v-t 图像。

图 1.2.2 是物体做匀速直线运动的 v-t 图像，它是一条与时间轴平行的直线。可以看出，物体在时间 t 内的位移大小 $s = v_0 t$ 等于图中着色部分的矩形面积。由此可见，在 v-t 图像上，位移的大小等于速度-时间图像所包围的面积大小。理论可以证明，这个结论不仅适用于匀速直线运动，还适用于匀变速直线运动。

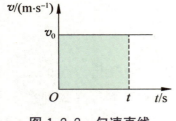

图 1.2.2 匀速直线运动的 v-t 图像

初速度不为零的匀加速直线运动的 v-t 图像为一条斜线，如图 1.2.3 所示。物体在初始时刻的速度是 v_0，t 时刻的速度是 v_t，图像中直线的斜率为物体加速度 a 的大小。图像中着色部分的梯形面积就是物体在 $0 \sim t$ 时间内位移 s 的大小。由此可见，利用 v-t 图像可以求匀变速直线运动中位移的大小。

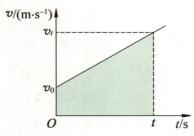

图 1.2.3 初速度不为零的匀加速直线运动的 v-t 图像

利用梯形面积公式，匀变速直线运动中位移可表示为

$$s = \frac{v_0 + v_t}{2} t \tag{1.2.3}$$

将 $v_t = v_0 + at$ 代入上式，有

$$s = v_0 t + \frac{1}{2} a t^2 \tag{1.2.4}$$

这就是匀变速直线运动中位移与时间的关系式。如果初速度 $v_0 = 0$，这个公式可以简化为 $s = \frac{1}{2} a t^2$。

匀变速直线运动中速度与位移的关系

将 $v_t = v_0 + at$ 和 $s = \dfrac{v_0 + v_t}{2} t$ 两式联立求解，消去时间 t 可得

$$v_t^2 - v_0^2 = 2as \tag{1.2.5}$$

这就是匀变速直线运动中速度与位移的关系式。如果在所研究的问题中，已知量和未知量都不涉及时间，利用这个公式求解往往会更简便。

式（1.2.3）、式（1.2.4）和式（1.2.5）中分别不含有加速度 a、不含有末速度 v_t、不含有时间 t，灵活选择关系式，可使解题更加便捷。

由平均速度 $\bar{v}=\dfrac{s}{t}$ 可知，物体的位移为

$$s=\bar{v}t \tag{1.2.6}$$

由式（1.2.3）和式（1.2.6）可知，匀变速直线运动中的平均速度为

$$\bar{v}=\dfrac{v_0+v_t}{2} \tag{1.2.7}$$

例3

火车以 5 m/s 的初速度在平直的铁轨上匀加速行驶 500 m 时，速度增加到 15 m/s。火车通过这段位移需要多长时间？加速度的大小为多大？

分析 已知初速度 $v_0=5$ m/s，末速度 $v_t=15$ m/s，位移 $s=500$ m，求时间 t 和加速度 a 的大小。

解 由匀变速直线运动的规律 $s=\dfrac{v_0+v_t}{2}t$ 可得

$$t=\dfrac{2s}{v_0+v_t}=\dfrac{2\times 500}{5+15}\text{ s}=50\text{ s}$$

由 $v_t=v_0+at$ 可得

$$a=\dfrac{v_t-v_0}{t}=\dfrac{15-5}{50}\text{ m/s}^2=0.2\text{ m/s}^2$$

反思与拓展

（1）物体在匀变速直线运动中，涉及 v_0、v_t、a、s、t 五个量，虽然有几个公式可供选用，但是其中非同解方程只有两个。因此解题时，必须先找出三个已知量，灵活选取关系式，求解另外两个未知量，即"知三求二"。

（2）汽车以 108 km/h 的速度在高速公路上行驶，若驾驶员发现前方 80 m 处发生了交通事故，马上紧急刹车。假设汽车以恒定的加速度行驶需要经过 4 s 停下来，问驾驶员此种操作是否存在安全问题？

> **生活·物理·社会**
>
> ### 安全车距
>
> 在高速公路上行车时，经常会看到车距确认标识，如图1.2.4所示。保持安全车距对行车安全是非常重要的。哪些因素会影响行车距离？如何确定安全车距？
>
>
>
> **图1.2.4 车距确认标识**
>
> 车速是影响安全车距的最直接且最重要的因素。随着车速的增加，安全车距也应相应调整。当车速超过100 km/h时，应与同车道前车保持100 m以上的距离；当车速低于100 km/h时，可以适当缩短与同车道前车的距离，但最小距离不得少于50 m。车辆高速行驶时，刹车的反应时间和制动距离都会相应增加。
>
> 天气状况也会直接影响制动距离。当遇到风、雨、雪、雾等恶劣的天气时，驾驶人的视线会受到影响，感知能力有所降低，驾驶行为会变得相对迟钝。在这种情况下，驾驶员应该适当减速，增加与前车的距离，以便有更多的反应时间。另外，在高温天气下，驾驶员的体力和精神状态也会受到一定程度的影响，因此车速和车距要作适当调整；在低温、潮湿天气下，道路的附着性能有所下降，就需要更长的制动距离。
>
> 根据经验数据，如果车速增加1倍，制动距离将增加4倍。而在恶劣天气和路况下，制动距离可能会增加6倍以上。所以，合理的车距不仅可以给驾驶员充足的制动时间，也能保证行车的稳定性和安全性。

实践与练习

1. 证明：在匀变速直运动中，任意连续相等的时间间隔内的位移之差保持不变，即 $\Delta s = aT^2$。

2. 某新型汽车在平直的公路上做性能测试，可以认为该汽车的速度是均匀变化的。如果汽车在40 s内速度从10 m/s增加到20 m/s，求汽车加速度的大小；如果汽车紧急刹车，经过2 s速度从10 m/s减小到零，求这个过程中汽车加速度的大小。

3. 磁悬浮列车是一种采用无接触的电磁悬浮、导向和驱动系统的高速列车，是当今世界上最快的地面客运交通工具。"我国自主研发的磁悬浮列车速度可达600 km/h，它的加速度一定很大。"这一说法对吗？为什么？

4. 在市区，若汽车急刹车时轮胎与路面的擦痕（刹车距离）超过 10 m，行人就来不及避让，因此在市区行车要限速。如果刹车加速度大小按 6 m/s² 计算，限速路牌要标多少千米/时？

5. 一辆汽车以 40 km/h 的速度在市区行驶，当车行驶至距交叉路口的停车线 45 m 时，计时交通灯的绿灯显示还剩下 3 s 的通行时间。司机想加速穿过路口，加速度为 2 m/s²，该车是否会因此违章闯红灯？

1.3 学生实验：测量物体运动的速度和加速度

【实验目的】

（1）熟练使用气垫导轨测速系统测量物体运动的速度和加速度。
（2）学会利用 v-t 图像处理实验数据，获取物体做匀变速直线运动的加速度。

【实验器材】

所用器材有气垫导轨、气泵、光电门（2个）、滑块及遮光条、滑轮、挂钩及槽码、数字计时器、厘米刻度尺、游标卡尺等，如图 1.3.1 所示。

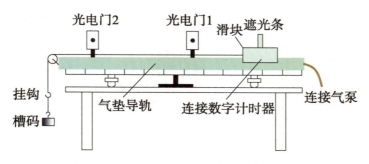

图 1.3.1 气垫导轨测速系统示意图

【实验方案】

一般来说，我们可使用秒表和刻度尺直接测量物体运动的时间和位移。但当物体运动较快时，采用以上方法得到的测量值误差较大，由此计算得到的物体运动速度的误差也较大。为减小测量过程中造成的误差，可以用气垫导轨测速系统来测量物体运动的时间和速度等信息。

气垫导轨利用从导轨表面的小孔中喷出的压缩空气，在导轨表面和滑块之间形成一层很薄的气膜——气垫，滑块悬浮在导轨上，滑块在导轨上滑动时摩擦力变得极小，提高了实验的精确程度。气垫导轨和数字计时器配合使用，可测量物体运动的时间和速度。

测速原理：利用槽码带动滑块在导轨上运动，滑块上安装有遮光条，遮光条有一定的挡光宽度，称为计时宽度。滑块运动时，遮光条的计时宽度 Δs 就是 Δt 时间内滑块的位移。

用光电门和数字计时器记录时间 Δt。光电门由光源和光敏元件组成。在有光照和无光照的环境下，光敏元件的电阻值有明显差异，将电阻的变化转化为电压信号，用来控制数字计时器开始计时或停止计时。数字计时器从遮光条遮光开始计时，到遮光条不遮光停止计时。

当滑块经过光电门时，安装在滑块上的遮光条会挡在光电门的光源和光敏元件之间，光敏元件检测到光线强度的变化，将信号传递给数字计时器的主机，数字计时器开始计时。当遮光条移开时，光线强度恢复正常，数字计时器停止计时，计时时间即为滑块通过遮光条挡光宽度的时间 Δt。由 $v=\dfrac{\Delta s}{\Delta t}$ 可求出滑块经过光电门时的速度 v_1 和 v_2。

根据两光电门之间的距离 s，就可按运动学公式 $a=\dfrac{v_2^2-v_1^2}{2s}$ 求出滑块下滑的加速度。

方法点拨

直接测量是直接由测量工具得到待测物理量的方法。用刻度尺测量长度、用秒表测量一段时间等都是利用了直接测量法。但是，有的时候用现有的仪器不能直接测出待测物理量或测量误差较大，就不宜采用直接测量法测量数据。这时我们可以采用间接测量法，将待测物理量转化为若干可以直接测量的物理量，再通过数学公式、几何关系等获得待测物理量。

【实验步骤】

1. 实验准备

（1）打开气源，调整气垫导轨使其水平，让滑块可以在导轨上自由滑动。

（2）将两个光电门安装于导轨的不同位置处，按数字计时器的使用方法，用线缆将两个光电门与主机相连，连接电源，打开开关，检查数字计时器工作是否正常。

2. 测量滑块的速度

用游标卡尺测出遮光条的计时宽度 Δs，槽码带动滑块在导轨上运动，让滑块从静止开始运动，分别记录滑块经过两个光电门的时间 Δt_1、Δt_2，填入表 1.3.1 中。保持滑块每一次都从同一位置释放，重复多次测量，由 $v=\dfrac{\Delta s}{\Delta t}$ 可求出滑块经过光电门时的速度。

3. 测量滑块的加速度

用厘米刻度尺测量两光电门之间的距离 s。按上述方法进行实验，分别求出滑块经过两光电门的速度 v_1、v_2，由公式 $a=\dfrac{v_2^2-v_1^2}{2s}$ 求出滑块下滑的加速度。改变两光电门之间的距离和滑块的初始位置，比较不同情形下求得的加速度大小是否有明显不同。

【数据记录与处理】

将实验数据及经计算得到滑块通过光电门的速度和滑块的加速度填入表 1.3.1 中。

表 1.3.1 实验记录表

遮光条的计时宽度 $\Delta s =$ _____ mm

实验序号	$\Delta t_1/\text{s}$	$\Delta t_2/\text{s}$	s/cm	$v_1/(\text{m}\cdot\text{s}^{-1})$	$v_2/(\text{m}\cdot\text{s}^{-1})$	$a/(\text{m}\cdot\text{s}^{-2})$
1						
2						
3						
4						
5						
……						

根据实验数据,测得滑块下滑的平均加速度为 $\bar{a} =$ _____ m/s²。

【交流与评价】

(1) 利用本节的实验器材可以测量当地的重力加速度吗?如果可以,还需要测量哪些物理量?与同学们讨论、交流你的实验方案。

(2) 为什么在测量时要测多组数据?实验时有哪些过程会产生误差?有哪些可以减小误差的方法?

(3) 你在测量过程中遇到了哪些问题?你是如何解决的?相互评价各自的实验过程,想一想还有哪些地方可以改进。

【注意事项】

(1) 为保证清洁,实验前应在气垫导轨通气状态下用酒精棉球轻轻将气垫导轨和滑块内侧面擦拭干净。

(2) 在气垫导轨还未通气时不能将滑块放置于导轨上,以免造成磨损;不能用手直接触摸导轨面,以免皮屑、油脂堵塞气孔。

(3) 气垫导轨表面及滑块内表面经过精密加工,二者可以相互吻合,使用滑块时应轻拿轻放,避免滑块跌落造成形变。

(4) 不使用气垫导轨时,应随手关闭气源,以免长时间运转导致电机过热损坏。

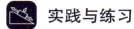

实践与练习

1. 为了测定气垫导轨上滑块的加速度，滑块上安装了宽度为 5 mm 的遮光板。滑块在牵引力作用下先后通过两个光电门，配套的数字计时器记录了遮光板通过第一个光电门的时间为 $\Delta t_1 = 20$ ms（1 ms$= 10^{-3}$ s），通过第二个光电门的时间为 $\Delta t_2 = 5$ ms，遮光板从开始遮住第一个光电门到遮住第二个光电门的时间间隔为 $\Delta t = 2.5$ s，求滑块加速度的大小。

2. 若在气垫导轨上安装多个光电门测量速度，从开始释放滑块开始记录时间，其测量结果如表 1.3.2 所示，试在坐标纸上作出 v-t 图像。你作出的图像是怎样的？延长图线后是否过坐标轴原点？为什么？说说你的理由。

表 1.3.2 实验记录表

光电门序号	1	2	3	4	5
t/s	0.2	0.3	0.5	0.75	1.0
$v/(\text{m} \cdot \text{s}^{-1})$	0.15	0.22	0.36	0.58	0.73

1.4 自由落体运动

在地球上,当我们在相同高度同时释放锤子和羽毛时,锤子会先落地,羽毛后落地。在月球表面上的相同高度处同时释放锤子和羽毛,虽然锤子比较重,但是锤子和羽毛同时落到月球表面。为什么在地球上和月球上,锤子和羽毛的表现不同呢?

1.4.1 影响物体下落快慢的因素

在日常生活中,我们发现石头比树叶下落得快、铅球比乒乓球下落得快,凭直觉和经验我们会认为越重的物体下落得越快。公元前4世纪,古希腊思想家、哲学家亚里士多德通过对上述类似现象的观察得出论断:越重的物体下落得越快。这个论断与人们的日常经验相吻合。事实真的如此吗?

活动

纸张与相同大小的本子谁下落得快?

从一个本子中撕下一张纸,让本子和纸张同时从同一高度由静止释放,观察本子和纸张哪个下落得快。然后将纸张揉成一个团。让纸团和本子在同样的高度同时落下,再观察哪一个下落得快。

实验发现,纸张和本子同时从同一高度释放时,本子下落得快。揉成团的纸张和本子同时从同一高度释放,纸团和本子下落得一样快,即同时落地。

本子的质量大于纸团的质量,为什么纸团和本子下落得一样快呢?这是因为空气阻力改变了纸团的下落速度。空气阻力是空气对在其中运动的物体所施加的与运动方向相反的力。空气阻力与物体的速度、接触面积、空气的密度等因素有关。当纸张被揉成团时,其与空气的接触面积减小,空气阻力也相应减小,所以纸团与本子下落得一样快。由此可见,物体下落的快慢不是由物体的轻重决定的,而是受空气阻力的影响,与质量无关。

> **活动**
>
> **牛顿管实验**
>
> 在一个两端封闭的玻璃管(也称牛顿管)内放置有质量不相同的铁片和羽毛,管内被抽成真空状态,另带有磁铁的硬塑料盖子,如图1.4.1(a)所示。把玻璃管竖直放置,铁片被磁铁吸住并压住羽毛使其不能下落,如图1.4.1(b)所示。拿掉硬塑料盖子,使铁片和羽毛从玻璃管上方同时开始下落,观察物体下落的情况。

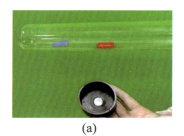

(a)

(b)

实验显示,铁片和羽毛同时下落,如图1.4.1(c)所示,说明没有空气阻力的影响,轻重不同的物体下落的快慢完全相同。由此证明空气阻力是影响物体下落快慢的主要因素,与物体的质量大小无关。宇航员大卫·斯科特在月球上从相同高度同时释放羽毛和锤子,两者同时落地。研究表明,月球上的大气极为稀薄,近似没有空气,这就是在月球表面上羽毛和锤子同时落地的原因。

在实际情况中,空气阻力的影响总是不可避免的。当空气阻力对物体下落的影响小到可以忽略不计时,物体从静止开始下落的运动就可近似为自由落体运动。

在物理学中,把物体只在重力作用下从静止开始下落的运动称为**自由落体运动**。自由落体运动是一个描述物体下落过程的物理模型。水滴从树梢上滴落的过程能被近似为自由落体运动,而雨滴从云层上下落的过程就不能称为自由落体运动,因此时不能忽略空气阻力的影响。

(c)

图1.4.1 牛顿管实验

1.4.2 自由落体运动的规律

自由落体运动中物体下落的位移与时间、速度与时间满足何种运动规律呢?下面我们通过实验研究自由落体运动的规律。

活动

验证物体自由下落高度 h 与时间 t 的关系

用频闪照片验证物体自由下落高度 h 与时间 t 的关系。如图 1.4.2 所示为小球做自由落体运动的频闪照片，图片中的数字是物体下落的高度与开始点 0 的距离，照片拍摄的频闪间隔为 $\frac{1}{20}$ s，即两次频闪之间物体的运动时间是 0.05 s。分析照片中物体自由下落高度 h 与时间 t 的关系。

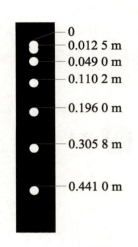

图 1.4.2 小球自由下落的频闪照片

从照片中可以知道物体下落的距离和时间，通过运算可以得出物体下落的高度与时间的平方成正比，即 $h \propto t^2$。

我们在学习匀变速直线运动的规律时，知道了位移与时间的关系为 $s = v_0 t + \frac{1}{2} a t^2$，如果物体的初速度 $v_0 = 0$，物体的位移与时间的平方成正比，即 $s = \frac{1}{2} a t^2$。通过上面的分析，可以证明自由落体运动是初速度为零的匀加速直线运动。

伽利略早在 17 世纪就已经发现了自由落体运动是初速度为零的匀加速直线运动。通过研究发现，在忽略空气阻力的情况下，地球上的物体下落的速度与时间成正比，下落的距离与时间的平方成正比，下落的加速度与物体的质量无关。

通过在地球上不同地点的测量发现，物体自由下落加速度的大小会随纬度的不同而改变。表 1.4.1 中列出了地球上部分地点的加速度的大小。通常把物体自由下落的加速度称为重力加速度，并用字母 g 来表示，其方向竖直向下，大小取 $g = 9.8 \text{ m/s}^2$。

表 1.4.1 地球上部分地点的重力加速度的大小

地点	纬度	重力加速度 $g/(\text{m} \cdot \text{s}^{-2})$
赤道海平面	0°	9.780
广州	23°06′	9.788

续表

地点	纬度	重力加速度 $g/(\text{m} \cdot \text{s}^{-2})$
武汉	30°33′	9.794
上海	31°12′	9.794
东京	35°43′	9.798
北京	39°56′	9.801
纽约	40°40′	9.803
莫斯科	55°45′	9.816
北极	90°	9.832

自由落体运动符合初速度为零的匀变速直线运动的规律，初速度 $v_0=0$，加速度 $a=g$，位移 s 即下落的距离 h，则自由落体运动的规律如下：

速度与时间的关系为

$$v_t = gt \quad\quad (1.4.1)$$

位移与时间的关系为

$$h = \frac{1}{2}gt^2 \quad\quad (1.4.2)$$

末速度与位移的关系为

$$v_t^2 = 2gh \quad\quad (1.4.3)$$

例题

一名攀岩运动员在登上陡峭的峰顶时不小心碰落了一块石头。

(1) 在最初的 2 s 内石头落下多少距离？第 2 s 末石头的速度为多大？

(2) 经历 8 s 后运动员听到石头落到地面。问石头落地时的速度有多大？这个山峰有多高？（不计声音传播的时间，取 $g=10 \text{ m/s}^2$）

分析 不计空气阻力，石头下落后做自由落体运动，根据 $h=\frac{1}{2}gt^2$ 即可求解石头下落的距离，第 2 s 末的速度根据 $v_t=gt$ 即可求出。

解 (1) 经历 2 s 石头下落的距离为

$$h_1 = \frac{1}{2}gt^2 = \frac{1}{2} \times 10 \times 2^2 \text{ m} = 20 \text{ m}$$

石头在第 2 s 末的速度为

$$v_1 = gt = 10 \times 2 \text{ m/s} = 20 \text{ m/s}$$

(2) 石头在落地时的速度为
$$v_t = gt = 10 \times 8 \text{ m/s} = 80 \text{ m/s}$$

石头下落后做自由落体运动，根据 $h = \frac{1}{2}gt^2$ 解得山峰高

$$h = \frac{1}{2}gt^2 = \frac{1}{2} \times 10 \times 8^2 \text{ m} = 320 \text{ m}$$

或由 $v_t^2 = 2gh$ 解得山峰高

$$h = \frac{v_t^2}{2g} = \frac{80^2}{20} \text{ m} = 320 \text{ m}$$

反思与拓展

(1) 不计空气阻力，石头下落后做自由落体运动。

(2) 若考虑到声音传播的时间，石头落地时的速度和山峰的高度值与上面算出的结果会有怎样的差别？

生活·物理·社会

太空梭

如图1.4.3所示是游乐园和主题乐园中常见的太空梭，它是利用物理学中的自由落体现象设计的游乐设备。这种游乐设备通过乘坐台将乘客载至高空，然后以几乎自由落体的运动状态竖直向下跌落，最后依靠机械力使乘坐台在落地前停住。

图 1.4.3 太空梭

太空梭的外型主干为一个高大的柱体，柱体周围附有轨道用于座舱爬升。整套系统中有侦测座舱爬升、下降速度的感应器，用来维持整套系统的正常运作，还有安全杆和安全带等保护设备。这些组件都必须经过严格的测试和检验，以确保它们能够承受乘客的体重和落体冲击。座舱的搭乘人数依设计而异，乘客可以坐在太空梭的乘坐台上，然后由工作人员将乘坐台提升到一定高度。一旦乘坐台到达所需高度，通过一个按钮或其他机制就可解除乘坐台和支架之间的连接，此时乘客会感觉自己像是从高空中自由坠落，可以感受到自由落体的快感。

太空梭是一个非常刺激的游玩项目,对乘客的身体和心理都是一个考验。因此,在游玩太空梭前,乘客需要了解一些注意事项,以确保自己的安全。首先,乘客应了解太空梭规定的身高和体重限制,超过限制的不能参加。其次,乘客需要佩戴好安全带和头盔,并按照工作人员的指示正确地使用保护设施。最后,乘客需要注意自己的身体状况,有高血压、心脏病、精神病等疾病者禁止参加太空梭项目。

实践与练习

1. 建筑工人不小心从脚手架上推落一块砖,请问:

(1) 砖在 4 s 后的速度是多少?

(2) 在该段时间内,砖下落的距离是多少?

2. 2015 年 12 月 14 日,嫦娥三号探测器首次在地外天体软着陆成功。如图 1.4.4 所示是嫦娥三号探测器平稳落月示意图。在落月过程中,当嫦娥三号靠近月球后,先悬停在月球表面上方一定高度,之后关闭发动机,以 1.6 m/s² 的加速度下落,经过 2.25 s 到达月球表面,此时探测器的速度是多少?

图 1.4.4 嫦娥三号探测器

3. 用手机拍摄物体自由下落的视频,经过软件处理得到分帧图片。利用图片中小球的位置来测量当地的重力加速度,实验装置如图 1.4.5(a)所示。

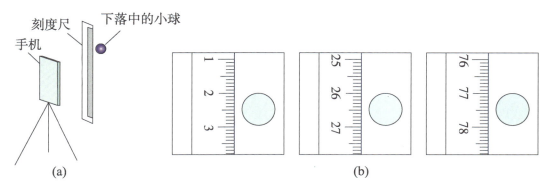

图 1.4.5 用手机拍摄物体自由下落实验示意图及分帧图片

(1) 如果有乒乓球、小塑料球和小钢球,其中最适合用作实验中下落物体的是_____。

(2) 下列主要操作步骤中,正确的顺序是_____。(填写各步骤前的序号)

① 把刻度尺竖直固定在墙上;

② 捏住小球，从刻度尺旁由静止释放；

③ 将手机固定在三脚架上，调整好手机镜头的位置；

④ 打开手机摄像功能，开始摄像。

（3）停止摄像后，从视频中截取三帧图片，图片中的小球和刻度如图1.4.5（b）所示。已知所截取的图片相邻两帧之间的时间间隔为$\frac{1}{6}$ s，刻度尺的分度值是1 mm，由此测得重力加速度为_____ m/s²。

（4）实验中，如果释放小球时手稍有晃动，视频显示小球下落时偏离了竖直方向。从该视频中截取图片，_____（选填"仍能"或"不能"）用（3）中的方法测出重力加速度。

小结与评价

内容梳理

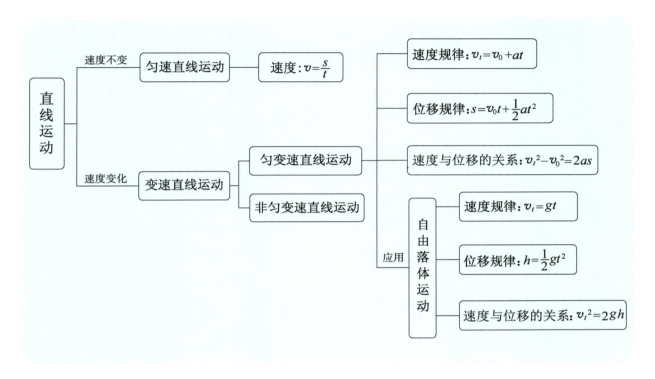

问题解决

1. 一场班级间的篮球比赛结束后,同学们对篮球能否被看成质点进行了讨论。讨论的话题如下:

(1) 研究投篮过程中篮球进入篮筐时,篮球能否被看成质点;

(2) 研究篮球被抛出后在空中运动的轨迹时,篮球能否被看成质点。

请提出你的观点,并说明理由。

2. 查阅资料,了解人的反应时间与哪些因素有关,并分析为何疲劳驾驶容易发生交通事故。试根据自由落体运动的规律,设计一个可以测量人的反应时间的简单装置。

3. 高空坠物会对地面人员造成极大的伤害。某高楼住户有一花盆从距地面 20 m 处自由落下。取重力加速度 $g=10 \text{ m/s}^2$,不计空气阻力,花盆经过多长时间落到地面?到达地面时的速度有多大?请根据计算结果,查找相关资料,讨论高空坠物的危害并提出防止高空坠物的建议。

4. 某人骑自行车，在距离十字路口停车线 30 m 处看到信号灯变红，此时自行车的速度为 4 m/s。已知该自行车在此路面依惯性滑行时做匀减速直线运动的加速度大小为 0.2 m/s²。如果骑车人看到信号灯变红就停止用力，自行车仅靠滑行能停在停车线前吗？

第 2 章
相互作用与牛顿运动定律

　　运动员用力划桨，龙舟就会快速向前运动，是什么力改变了龙舟的运动状态？自然界中一切物体都在运动着，大到星球天体，小到分子和原子。英国物理学家牛顿发现物体运动的规律，很好地解决了运动和力的关系问题。本章我们将从物体的受力问题入手，学习力的合成与分解，探究运动和力的关系。

主要内容
- ◎ 重力　弹力　摩擦力
- ◎ 学生实验：探究两个互成角度的力的合成规律
- ◎ 力的合成与分解
- ◎ 学生实验：探究物体运动的加速度与物体受力、物体质量的关系
- ◎ 牛顿运动定律
- ◎ 牛顿运动定律的应用

2.1 重力 弹力 摩擦力

在雨雪天气里汽车爬坡时,尽管司机已加大马力,可还是前行艰难。发生在我们身边类似的事情很多,为什么会发生这些现象呢?

2.1.1 重力

我们知道,苹果从果树上掉落下来,人跳起后要落下,抛出的物体总会落回地面。这是因为地球与地面附近的物体之间存在相互吸引力。

地球上的一切物体都会受到地球的吸引,由于地球吸引而使物体受到的力称为**重力**,重力的方向总是竖直向下。初中时我们已经知道,物体受到的重力 G 和物体的质量 m 之间存在如下关系:

$$G=mg \qquad (2.1.1)$$

g 是矢量,在地球表面附近,g 的大小为 9.8 m/s²,方向指向地球中心。重力是一种场力,场力是非接触力。重力的大小与物体的质量成正比。

一个物体的各部分都受到重力的作用,从作用效果上看,可以认为各部分受到的重力作用集中于一点,这一点称为**物体的重心**。因此,重心可以看作是物体所受重力的作用点。

对于质量分布均匀、形状规则的物体,重心就是它的几何中心,如图 2.1.2 所示。

对于质量分布不均匀的物体,重心的位置除了与物体的形状有关外,还与物体内质量的分布有关。如图 2.1.3 所示,载重汽车的重心随着装货多少和装载位置的不同而不同。

信息快递

如图 2.1.1 所示,一条细绳一端系一重物,在相对于地面静止时,这条绳所在直线就是铅垂线,又称重垂线。铅垂线的指向就是物体所受重力的方向。铅垂线多用于建筑测量中。

图 2.1.1 铅垂线

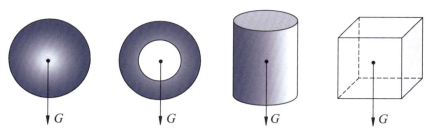

图 2.1.2 形状规则物体的重心示意图

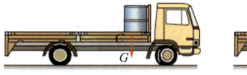 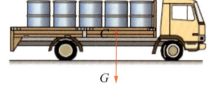

图 2.1.3 载重汽车的重心示意图

> **活动**
>
> **确定物体的重心**
>
> 一块密度均匀的圆盘的重心在哪里？如果把圆盘中间的物质去掉，变成一个圆环，那么它的重心又在哪里呢？

力可以用有向线段表示，有向线段的长短表示力的大小，箭头的指向表示力的方向，箭尾表示力的作用点。如图 2.1.5 所示，苹果所受的重力大小为 2 N，方向竖直向下。这种表示力的方法称为力的图示。在不需要准确标度力的大小时，通常只需画出力的作用点和方向，即只需要画出力的示意图。

2.1.2 弹力　胡克定律

日常生活中的很多力都是在物体与物体接触时发生的，这种力称为接触力。我们通常说的拉力、压力、支持力等都是接触力。接触力按其性质可分为弹力和摩擦力。

物体在力的作用下形状或体积会发生改变，这种变化称为**形变**。有些物体在形变后撤去作用力时能恢复原状，这种形变称为**弹性形变**，能够发生弹性形变的物体称为**弹性体**。如果形变过大，超过一定的限度，撤去作用力后物体不能恢复原来的形状，这个限度称为**弹性限度**。发生形变的物体，

> **信息快递**
>
> 取一块质量分布均匀的薄板，如图 2.1.4 所示，用细绳将薄板吊起，通过两次悬挂（细绳分别沿 AB 和 DE 悬挂），两次竖直线的交点 C 就是物体的重心，这种判断重心的方法叫作悬挂法。

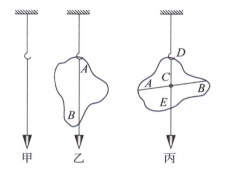

图 2.1.4 悬挂法示意图

图 2.1.5 苹果受力示意图

由于要恢复原状，对与它接触的物体会产生力的作用，这种力称为**弹力**。

有的物体形变很明显，容易观察，有的物体形变很难直接观察，我们可以用实验验证其存在。

活动

观察玻璃瓶发生的微小形变

如图 2.1.6 所示，一个灌满水的玻璃瓶，瓶口用橡皮塞密封，中间插一根透明细管，用力捏玻璃瓶，观察细管中水柱的变化情况。这种现象说明了什么？你还能想出其他方法观察物体发生的微小形变吗？

图 2.1.6 带细管的玻璃瓶

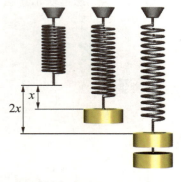

图 2.1.7 发生形变的弹簧

弹力的方向如何确定？放在地板上的物体，它对地板的压力以及地板对它的支持力都是弹力，其方向与接触面垂直；绳子的拉力也是弹力，其方向沿着绳子而指向绳子收缩的方向。

弹力的大小与弹性形变之间的关系如何？英国物理学家胡克经过研究发现，在弹性限度内，弹簧发生弹性形变时，弹力 F 的大小跟弹簧伸长（或缩短）的长度 x 成正比，如图 2.1.7 所示，这个规律称为胡克定律，即

$$F = kx \quad (2.1.2)$$

式中，k 是弹簧的弹性系数，它是由弹簧的材料、形状、粗细等因素决定的。在国际单位制中，弹性系数的单位是牛/米（N/m）。

例 1

小明在实验中，把一根原长为 0.2 m 的弹簧拉长到 0.4 m 时，由于弹性形变产生的弹力为 400 N，弹簧的弹性系数是多少？弹簧伸长至 1.0 m（在弹性限度内）时产生的弹力是多大？

分析 由胡克定律可知，已知弹力和弹簧的形变量，可以求出弹簧的弹性系数；在弹性限度内，弹簧的弹性系数不变，可以求出弹簧任意形变量时的弹力。

解 $F=400$ N 的弹力所对应的形变量为

$$x=(0.4-0.2)\text{ m}=0.2\text{ m}$$

由 $F=kx$ 可得

$$k=\frac{F}{x}=\frac{400}{0.2}\text{ N/m}=2.0\times10^3\text{ N/m}$$

在弹性限度内，同一根弹簧的弹性系数是不变的，所以弹簧伸长至 1.0 m 时，弹性系数仍然是 2.0×10^3 N/m。弹簧长度为 1.0 m 时的形变量为

$$x'=(1.0-0.2)\text{ m}=0.8\text{ m}$$

其弹力大小为

$$F'=kx'=2.0\times10^3\times0.8\text{ N}=1.6\times10^3\text{ N}$$

反思与拓展

弹性系数是反映弹簧本身性质的物理量，与弹簧是否发生形变无关。如果将两根弹性系数都是 k 的弹簧首尾连接组成一个新的弹簧，新弹簧的弹性系数还是 k 吗？

2.1.3 摩擦力

在日常生活中，摩擦是一种常见的物理现象。我们已经知道，两个相互挤压的物体，当它们发生相对运动或具有相对运动趋势时，就会在接触面上产生阻碍相对运动或相对运动趋势的力，这种力称为**摩擦力**。

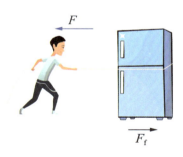

图 2.1.8 人拉冰箱

如图 2.1.8 所示，当人拉静止在地面上的冰箱时，冰箱有相对地面运动的趋势，但没有运动，也就是说冰箱和地面之间仍然保持相对静止。根据二力平衡可知，这时一定有一个力与拉力 F 大小相等、方向相反，这个力就是冰箱和地面之间的摩擦力 F_f。由于这时两个物体之间只有相对运动趋势而没有相对运动，所以这时的摩擦力称为**静摩擦力**。静摩擦力的方向与物体相对运动趋势的方向相反。

当人逐渐增大拉力时，只要冰箱仍然静止不动，静摩擦力就与拉力大小相等，并随拉力的增大而增大。静摩擦力的增大有一个范围，随着拉力的增大，当冰箱刚刚开始运动时，

信息快递

最大静摩擦力稍大于同等压力下的滑动摩擦力，为了方便，在实际计算中，常认为二者相等。

拉力的大小在数值上等于最大静摩擦力 F_{fmax}。两物体之间实际发生的静摩擦力 F_f 在 0 与最大静摩擦力 F_{fmax} 之间，即 $0<F_f\leqslant F_{fmax}$。

在如图 2.1.8 所示的实验中，当冰箱在地面上滑动时，也会和地面产生摩擦。当一个物体在另一个物体表面滑动的时候，会受到另一个物体阻碍它滑动的力，这种力称为**滑动摩擦力**。滑动摩擦力的方向总是沿着接触面，并且与物体相对运动的方向相反。

大量事实表明，滑动摩擦力的大小与接触面的材料、粗糙程度等因素有关，且与压力成正比。如果用 F_f 表示滑动摩擦力的大小，用 F_N 表示压力的大小，则摩擦力可表示为

$$F_f = \mu F_N \tag{2.1.3}$$

式中的比例常数 μ 称为**动摩擦因数**，是没有物理单位的纯数，它的数值与相互接触的两个物体的材料有关。材料不同，两个物体间的动摩擦因数也不同。动摩擦因数还跟接触面的情况（如干湿程度、粗糙程度等）有关。表 2.1.1 列出的是一般情况下几种材料之间的动摩擦因数。

表 2.1.1　几种材料间的动摩擦因数

材料	动摩擦因数	材料	动摩擦因数
钢—冰	0.02	皮革—铸铁	0.28
木—冰	0.03	木—木	0.30
木—金属	0.20	木—皮带	0.40
钢—钢	0.25	橡胶轮胎—路面（干）	0.71

例2

在我国北方林海雪原中，马拉雪橇曾作为重要的交通工具为人们运送各种生活物资。一个由钢制滑板制成的雪橇，装载货物后总质量为 3.0×10^4 kg，在水平的冰道上，要使雪橇匀速前进，马要用多大的水平拉力拉雪橇？（$g=9.8$ N/kg）

分析　如图 2.1.9 所示，雪橇在水平方向上受到马

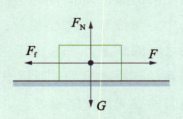

图 2.1.9　雪橇受力分析

的拉力 F 和冰道的摩擦力 F_f，根据二力平衡原理可知，F 和 F_f 必须大小相等，雪橇才能匀速运动，即 $F=F_f$。滑动摩擦力的大小可由 $F_f=\mu F_N$ 求出，其中 F_N 是雪橇对冰道的压力，它的大小等于雪橇和货物的总重力 G。钢和冰之间的动摩擦因数 μ 可以从表 2.1.1 中查出，为 0.02。由此求出 F_f，从而求出 F。

解 依题意可知，$G=mg=3.0\times10^4\times9.8$ N，$\mu=0.02$。雪橇做匀速运动，则

$$F=F_f, \quad F_f=\mu F_N$$

又因为 $F_N=G$，所以 $F=\mu G$，代入数值得

$$F=0.02\times3.0\times10^4\times9.8 \text{ N}=5.88\times10^3 \text{ N}$$

反思与拓展

如果马拉雪橇加速前进，这时摩擦力会变化吗？为什么？

实践与练习

1. 砖是生活中常见的建筑材料，一块砖按照如图 2.1.10 所示的三种不同方式摆放，哪种摆放方式砖的重心最高？哪种摆放方式砖最稳定？

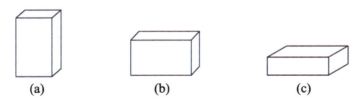

图 2.1.10　三种摆放方式示意图

2. 小明为了研究弹簧的性质，找来一根既可以压缩又可以拉伸的弹簧，当对弹簧施加 1 N 的压力时它缩短了 2 cm。现对弹簧施加一个拉力，使弹簧伸长了 5 cm，请问拉力应该是多大？（弹簧在弹性限度内）

3. 快递小哥将重为 500 N 的木箱放在水平地面上，木箱与地面间的最大静摩擦力是 128 N，动摩擦因数是 0.25，如果分别用 60 N 和 150 N 的水平力推木箱，木箱受到的摩擦力分别是多少？

4. 在我们的生活中，摩擦力无处不在，如果离开了摩擦力，我们将寸步难行。但摩擦力也常常给我们制造麻烦，为减小物体间的摩擦力，人们想了很多办法。比如，为减小机器部件之间的摩擦，常要加润滑油等。你还能列举出在生活中为减小摩擦力而采取的措施和方法吗？

2.2 学生实验：探究两个互成角度的力的合成规律

实验前，我们先了解几个概念。如果一个力 F 单独作用的效果跟某几个力共同作用的效果相同，我们就将力 F 称为这几个力的合力，这几个力称为 F 的分力。求几个已知力的合力 F 的过程，称为力的合成。

【实验目的】

（1）探究两个互成角度的力的合成规律。
（2）理解等效替代思想的应用。

【实验器材】

所用器材有图板、白纸、图钉、刻度尺、铅笔、量角器、弹簧测力计、橡皮条、细绳套等。

【实验方案】

几个力共同作用的效果可以由一个力的作用效果来代替，我们通过实验，把这些力表示出来，然后观察比较合力与分力的关系。

【实验步骤】

（1）如图 2.2.1 所示，用图钉把白纸固定在水平桌面的图板上。

（2）用图钉把橡皮条的一端固定在 A 点，橡皮条的另一端有两个细绳套。

（3）用两个弹簧测力计分别勾住细绳套，互成角度地拉橡皮条，使橡皮条与细绳套的结点伸长到某一位置 O 保持不动，记录两个弹簧测力计此时的示数，用铅笔描下 O 点的位置及此时两个细绳套的方向。

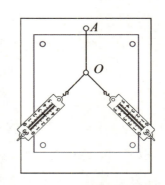

图 2.2.1 弹簧测力计拉橡皮条

（4）只用一个弹簧测力计通过细绳套把橡皮条的结点拉到同样的位置 O，记下弹簧测力计的示数和细绳套的方向。

（5）改变两个弹簧测力计拉力的大小和方向，再重做两次实验。

【数据记录与处理】

（1）用铅笔和刻度尺从结点 O 沿两条细绳方向画直线，按选定的标度作出这两只弹簧测力计的拉力 F_1 和 F_2 的示意图，并以 F_1 和 F_2 为邻边用刻度尺作平行四边形，过 O 点画平行四边形的对角线，此对角线即为合力 F 的图示，如图 2.2.2 所示。

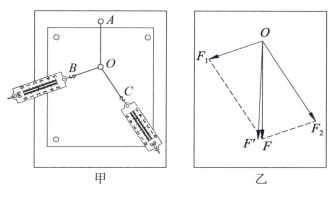

图 2.2.2 力的合成图示

（2）按同样的标度方法，用刻度尺从 O 点记下用一个弹簧测力计的示数和细绳套的方向，作出拉力 F' 的图示。

（3）比较 F 与 F' 是否完全重合或几乎完全重合，总结出两个互成角度的力的合成规律。

【交流与评价】

1. 结果与分析

经过实验探究，力的合成遵循什么规律？

2. 交流与讨论

（1）用两个弹簧测力计勾住细绳套互成角度地拉橡皮条时，夹角多大为宜？

（2）试简要分析产生误差的原因。

3. 实验方案优化

根据所学知识，你能设计出比本实验方案更优化的实验方案吗？

实践与练习

在"探究两个互成角度的力的合成规律"的实验中，某同学用图钉把白纸固定在水平放置的木板上，将橡皮条的一端固定在木板上一点，两个细绳套系在橡皮条的另一端。用两个弹簧测力计分别拉住两个细绳套，互成角度地施加拉力，使橡皮条伸长，结点到达纸面上某一位置，如图 2.2.3 所示，请将以下的实验操作和处理补充完整：

(1) 用铅笔描下结点位置，记为 O；

(2) 记录两个弹簧测力计的示数 F_1 和 F_2，分别沿每个细绳套的方向用铅笔描出几个点，用刻度尺把相应的点连成线；

(3) 只用一个弹簧测力计，通过细绳套把橡皮条的结点仍拉到位置 O，记录此时弹簧测力计的示数 F_3，_____；

(4) 按照力的图示要求，作出拉力 F_1、F_2、F_3；

(5) 作出 F_1 和 F_2 的合力 F；

(6) 比较_____的一致程度，若有较大差异，对其原因进行分析，并做出相应的改进后再次进行实验。

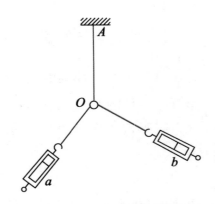

图 2.2.3 探究力的合成实验示意图

2.3 力的合成与分解

杂技是我国古老的艺术品种之一，深受广大人民群众的喜爱，在各种晚会上大放光彩。仅靠一根钢丝，演员就能完成各自的动作而不掉落，他是如何保持平衡的？

2.3.1 力的合成

通过"探究两个互成角度的力的合成规律"实验发现，求两个共点力 F_1、F_2 的合力 F，如果以表示这两个力的有向线段为邻边作平行四边形，这两个邻边之间的对角线就表示合力的大小和方向，如图 2.3.1 所示。这个规律称为**平行四边形定则**。

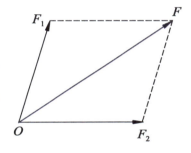

图 2.3.1 平行四边形定则示意图

用平行四边形定则求和的方法适用于一切矢量的求和。我们学过的位移、速度、加速度也是矢量，它们的合成也遵循平行四边形定则求和的方法。

合力与分力的关系是建立在作用效果等同的基础上的，合力的大小与分力的大小、分力的方向之间的夹角有关。如表 2.3.1 所示是两个分力大小不变、夹角不同时的合力。

表 2.3.1 合力与分力的讨论

两个分力的方向	夹角 α	合力 F
F_1 F_2 F （同向）	α = 0°	$F = F_1 + F_2$
F_2, F, F_1 成 α 角	0° < α < 90°	$F < F_1 + F_2$

续表

两个分力的方向	夹角 α	合力 F
（图：F_1 与 F_2 垂直，合力 F）	$\alpha = 90°$	$F = \sqrt{F_1^2 + F_2^2}$
（图：F_1 与 F_2 夹角为钝角）	$90° < \alpha \leqslant 180°$	$F < \sqrt{F_1^2 + F_2^2}$
（图：F_1 与 F_2 方向相反）	$\alpha = 180°$	$F = \lvert F_1 - F_2 \rvert$

合力与分力之间的大小关系可以归纳出如下规律：
$$\lvert F_1 - F_2 \rvert \leqslant F \leqslant F_1 + F_2$$

例 1

一较大的气球重为 3 N，在空中受到的水平风力为 12 N，向上的空气推力为 8 N，求气球在空中受到的合力大小。

分析 这是求三个共点力的合成问题。如图 2.3.2 所示，在竖直方向气球受到空气的推力 F_2 和重力 G，两个力在一条直线上，可得到一个向上的合力 F_3。在水平方向上，气球受到水平风力 F_1 的作用，根据平行四边形定则可求出气球所受的合力。因平行四边形的两个邻边的夹角是直角，故可利用勾股定理求解。

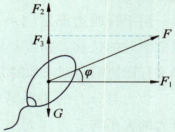

图 2.3.2 气球受力示意图

解
$$F_3 = F_2 - G = (8 - 3)\ \text{N} = 5\ \text{N}$$
$$F = \sqrt{F_1^2 + F_3^2} = \sqrt{12^2 + 5^2}\ \text{N} = 13\ \text{N}$$

反思与拓展

力是矢量，要准确描述其性质，既要知道大小，也要知道方向。描述合力方向时可以用 φ 角来表示。根据平行四边形定则，可用作图法求解合力。

2.3.2 力的分解

求一个力的分力的过程称为**力的分解**。力的分解是力的合成的逆运算，因此同样遵循平行四边形定则。力的合成是唯一的，但力的分解却有无数种可能。如图 2.3.3 所示，将一个力 F 分解为两个分力时，根据平行四边形定则，以一个力 F 为对角线作平行四边形，平行四边形的两条邻边即为与 F 共点的两个分力。如果没有限制，对于同一条对角线，可以作出无穷多个平行四边形。因此，一个力分解为两个分力的分解方法可以有无穷多种。

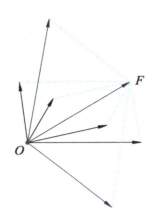

图 2.3.3　一个力有多种分解方式

为了方便计算，我们常常把力分解为相互垂直的两个分力，称为力的**正交分解**。

如图 2.3.4 所示，人斜向上拉着行李箱，拉力 F 与水平方向的夹角为 θ，人对箱子的拉力可以分解为沿水平方向的分力 F_1 和沿竖直方向的分力 F_2。力 F_1 和 F_2 的大小分别为

$$F_1 = F\cos\theta$$
$$F_2 = F\sin\theta$$

图 2.3.4　人拉行李箱受力分解

如图 2.3.5 所示，重力为 G 的物体放在倾斜角为 θ 的斜面上，其重力一般分解为沿斜面方向的分力 F_1 和垂直斜面方向的分力 F_2，其中

$$F_1 = G\sin\theta$$
$$F_2 = G\cos\theta$$

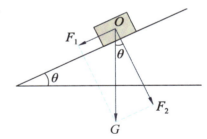

图 2.3.5　斜面上物体的重力分解

2.3.3 共点力的平衡

一个物体受到几个外力的作用，若这几个力有共同的作用点或者这几个力的作用线交于一点，则这几个力称为**共点力**。

我们常说的一个物体处于平衡状态是指物体保持静止或者处于匀速直线运动状态。工程技术上如建筑物、桥梁、起重机等都需要保持平衡状态。

在共点力作用下，物体保持平衡的条件是什么呢？在初中物理中我们学过，物体受两个共点力作用时保持平衡的条件是：两个力大小相等、方向相反，它们的合力为零。物体受三个共点力作用时，保持平衡的条件又是什么呢？

我们可以用平行四边形定则求出其中任意两个力的合力,使三力平衡转化成二力平衡,根据二力平衡条件可知,任意两个力的合力与第三个力大小相等、方向相反且在同一直线上,因此平衡条件仍然是合力为零。当物体在共点的多个力作用下平衡时,沿用与此相同的推理方法,运用平行四边形定则,使之转化成二力平衡。所以在共点力作用下物体的平衡条件是合力等于零,即 $F_合=0$。

例2

如图 2.3.6 所示,吊灯的重为 $G=6.0$ N,$\theta=60°$,求绳和轻杆作用在 O 点的力的大小。

分析 O 点在 F_1、F_2 和 G 三个力的作用下处于平衡状态,G 是 F_1 和 F_2 的平衡力,即 F_1 和 F_2 的合力 G' 和 G 大小相等、方向相反,且在同一直线上。

解 由直角三角形边角关系得

$$F_1=\frac{G'}{\cos\theta}=\frac{G}{\cos\theta}=\frac{6.0}{\cos 60°}\text{ N}=12.0\text{ N}$$

$$F_2=G'\tan\theta=G\tan\theta=6.0\times\tan 60°\text{ N}\approx10.4\text{ N}$$

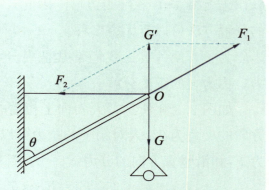

图 2.3.6 吊灯受力图

反思与拓展

本例也可以通过建立坐标轴,利用正交分解的方法进行计算。

拓展阅读

赵州桥

赵州桥(图 2.3.7)横跨洨河,是一座单孔割圆式敞肩石拱桥。赵州桥始建于隋代,距今已有 1 400 多年,比欧洲同类桥早了 700 多年,展现了我国古代劳动人民的智慧和高超的技术。拱桥是由许多楔形砖块砌成的,为什么拱形结构能承受很大压力呢?从如图 2.3.8 所示的桥体受力图中可以看出,站在桥中央的人

图 2.3.7 赵州桥

和砖块"4"的合力 F 竖直向下，可以分解为对砖块"3"和"5"挤压的两个分力，人和砖块"3""4""5"看成整体，又可将力分解为对砖块"2""6"的压力，以此类推，最终全部重力都分解为对桥墩的压力。所以，拱桥能承受很大压力而不垮塌。

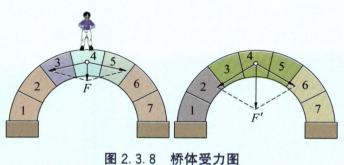

图 2.3.8　桥体受力图

实践与练习

1. 如图 2.3.9 所示，观察衣服挂在不同位置时绳子的形状。根据绳子的形状，你能判断出哪段绳子受力大，哪段绳子受力小吗？

2. 一徒步旅行者，在山区公路上看见一块质量约 200 kg 的大石头位于道路中央，影响交通安全，他身上带有一根结实的长绳，另外他发现路旁有一棵大树。他能将大石头移动吗？请说出理由。

图 2.3.9　晾衣绳

3. 一个物体受到三个力的作用，大小分别是 5 N、7 N、10 N，则这三个力的合力的最大值是多少？最小值是多少？可以使物体保持平衡吗？

4. 如图 2.3.10 所示，为了防止电线杆倾倒，常在两侧对称地拉上钢绳，如果两根钢绳间的夹角为 60°，每根钢绳的拉力都为 300 N，求两根钢绳作用在电线杆上的合力。

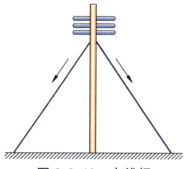

图 2.3.10　电线杆

2.4 学生实验：探究物体运动的加速度与物体受力、物体质量的关系

【实验目的】

(1) 探究物体运动的加速度与物体受力、物体质量的关系。
(2) 体会使用控制变量法探究物理规律的过程。

> **方法点拨**
>
> 　　当一个问题与多个因素有关时，为了探究该问题与其中某个因素的关系，就需要控制其余因素不变，只改变一个因素。这种方法称为"控制变量法"。控制变量法是科学探究中的重要思想方法，广泛运用在科学探索和科学实验研究之中。

【实验器材】

本探究实验用到的器材有气垫导轨、气源、游标卡尺、数字毫秒计、物理天平、砝码、砝码盘、细绳等，如图 2.4.1 所示。

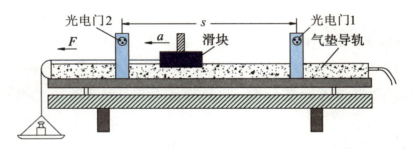

图 2.4.1 实验装置示意图

【实验方案】

为了探究物体受力和物体的质量分别对其运动的加速度产生的影响，需要使用控制变量法。本实验中，先控制物体的质量不变，探究其加速度与受力的关系；再控制物体受力不变，探究其加速度与质量的关系。

用物理天平测量物体的质量，用数字毫秒计测出挡光片经过光电门的时间，然后经过计算得出速度和加速度。拉力由物体的重力产生。

【实验步骤】

(1) 用游标卡尺测出滑块上挡光片的计时宽度 Δs，从导轨上的标尺读出两个光电

门之间的距离 s，用物理天平测出滑块的质量 M 和砝码盘的质量 m_0。

（2）在气垫导轨上不同位置放置两个光电门并与数字毫秒计连接好。给气垫导轨充气，并调平导轨。

（3）将滑块放置在气垫导轨上。在细绳的一端挂上砝码盘，另一端通过定滑轮系在滑块前端。调节滑轮的倾角，使细绳与导轨平行。

（4）在砝码盘中放入砝码，注意砝码的质量要远小于滑块的质量。将滑块从远离滑轮的另一端由静止释放，从数字毫秒计上读出滑块通过两个光电门的时间 t_1 和 t_2。

（5）保持滑块的质量不变，增加砝码盘中砝码的质量，并保证砝码及砝码盘的总质量仍远小于滑块的质量。多次重复实验，从数字毫秒计读出滑块通过两个光电门的时间。

（6）保持砝码盘中砝码的质量不变，增加或减少滑块上的砝码以改变滑块的质量。多次重复实验，从数字毫秒计上读出滑块通过两个光电门的时间。

（7）实验结束后收纳所有砝码，从导轨上拿下滑块，最后关闭气垫导轨的气源。

【数据记录与处理】

（1）记录挡光片的计时宽度 Δs、两个光电门之间的距离 s、滑块的质量 M 和砝码盘的质量 m_0。

（2）在滑块的质量不变时，增加砝码盘中砝码的质量，设放入砝码盘中砝码的质量为 m_1，则拉力 F 可用 $(m_0+m_1)g$ 代替。增加砝码的质量 m_1，记录不同拉力 F 对应的滑块通过两个光电门的时间 t_1 和 t_2，将数据填入表 2.4.1 中。

（3）加速度的计算方法。

滑块两次通过光电门的速度分别为 $v_1=\dfrac{\Delta s}{t_1}$ 和 $v_2=\dfrac{\Delta s}{t_2}$，则其运动的加速度 $a=\dfrac{v_2^2-v_1^2}{2s}=\dfrac{(\Delta s)^2\left(\dfrac{1}{t_2^2}-\dfrac{1}{t_1^2}\right)}{2s}$。

（4）按照上述方法计算滑块所受的拉力 F 产生的加速度 a 的值，将数据填入表 2.4.1 中。

表 2.4.1　加速度与物体受力的关系（滑块的质量 M 不变）

实验序号	1	2	3	4	5	……
砝码的质量 m_1/kg						
拉力 F/N						
通过光电门 1 的时间 t_1/s						
通过光电门 2 的时间 t_2/s						
加速度 a/(m·s^{-2})						

(5) 当滑块所受的拉力一定时,设放在滑块上的砝码的质量为 m_2,则滑块的总质量 $m=M+m_2$。记录不同滑块通过两个光电门的时间 t_1 和 t_2,将数据填入表 2.4.2 中。

(6) 按照上述计算方法,将滑块的总质量 m 与相应加速度 a 的数据填入表 2.4.2 中,并计算 a^{-1} 的值。

表 2.4.2　加速度与物体的质量的关系(滑块拉力 F 不变)

实验序号	1	2	3	4	5	……
滑块的总质量 m/kg						
通过光电门 1 的时间 t_1/s						
通过光电门 2 的时间 t_2/s						
加速度 a/(m·s^{-2})						
加速度的倒数 a^{-1}/(m^{-1}·s^2)						

(7) 利用上面的数据,在坐标纸上绘制 a-F、a-m 和 a^{-1}-m 图像。

(8) 观察 a-F 图像的特点,判断物体运动的加速度 a 与其所受的力 F 的关系;观察 a-m 图像和 a^{-1}-m 图像的特点,判断物体运动的加速度 a 与其质量 m 的关系。

【交流与评价】

1. 结果与分析

对实验数据、图像进行分析,在质量不变的情况下,总结物体的加速度与所受的力的关系;在物体受力一定的情况下,总结物体的加速度与质量的关系。

2. 交流与讨论

(1) 本实验操作过程中要求砝码及砝码盘的总质量远小于滑块的质量,思考这样做的原因,并分组交流讨论。

(2) 简要分析产生误差的原因。

3. 实验方案优化

本实验对于拉力大小的确定,也可以采取如图 2.4.2 所示的方案。在这个方案中,根据定滑轮的性质可知,滑块受到的拉力就是弹簧测力计示数的两倍。通过直接读取示数,简化计算流程。

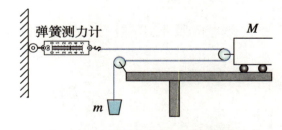

图 2.4.2　优化实验方案示意图

根据所学知识,你还能优化本实验的设计方案吗?

实践与练习

1. 不同的物理表达式有着不同的含义，试简述 $a=\dfrac{\Delta v}{\Delta t}$ 和 $a=\dfrac{F}{m}$ 这两个有关加速度 a 的表达式的物理含义。

2. 某实验小组在做本节的探究实验时，用质量分别为 M、$2M$ 和 $3M$ 的滑块进行了实验，并作出了如图 2.4.3 所示的图像。根据图像，你能得到什么结论？

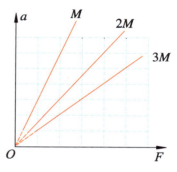

图 2.4.3 a-F 图像

2.5 牛顿运动定律

在 2 000 多年前,古希腊学者亚里士多德指出:力是维持物体运动的原因。大家认为他的观点正确吗?如果滑冰运动员不用力,他会慢慢停下来,这是为什么呢?

2.5.1 牛顿第一定律

17 世纪初,伽利略对亚里士多德的观点提出疑问,牛顿在伽利略等人的研究基础上,经过长期的实践和探索总结出:一切物体总保持匀速直线运动状态或静止状态,直到有外力迫使它改变这种状态为止。这就是**牛顿第一定律**。

牛顿第一定律表明,物体的运动并不需要力来维持,物体保持原来的静止状态或匀速直线运动状态的性质称为**惯性**。牛顿第一定律又称为**惯性定律**。

当汽车突然开动的时候,汽车里的乘客会向后倾倒,如图 2.5.1 (a) 所示。这是因为汽车开始前进时,乘客的下半身随车前进,而上半身由于惯性还要保持静止状态。当汽车突然刹车时,乘客就会向前倾倒,如图 2.5.1 (b) 所示。这是因为汽车突然停止时,乘客的下半身随车一起停止,而上半身由于惯性还要以原来的速度前进。

牛顿第一定律揭示了力和运动的关系,表明力不是维持物体运动的原因,而是改变物体运动状态的原因;如果物体不受力的作用,其速度的大小和方向都将保持不变。

牛顿第一定律所描述的物体不受外力作用是一种理想情况。在自然界中不受力作用的物体是不存在的。在实际问题中,牛顿第一定律可理解为:当物体受到几个力的共同作用时,若这几个力的合力为零,物体将保持原来的匀速直线运动状态或静止状态。

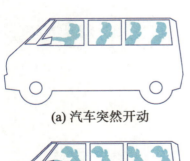
(a) 汽车突然开动

(b) 汽车突然停止

图 2.5.1 汽车里的乘客

> **活动**
>
> **用直尺快速击打硬币**
>
> 如图 2.5.2 所示，准备几个硬币和一把直尺，把硬币摞在一起，用直尺快速击打最下层的硬币，看看有什么现象发生。为什么会发生这样的现象？

图 2.5.2　硬币与直尺

2.5.2　牛顿第三定律

拔河比赛中两队同时向相反方向拉绳子，两队的拉力大小有什么关系？

> **活动**
>
> **观察两个弹簧测力计的示数**
>
> 如图 2.5.3 所示，把 A、B 两个轻质弹簧测力计的挂钩勾在一起。用手沿水平方向拉弹簧测力计时，观察两个弹簧测力计的示数有什么关系？改变手拉弹簧测力计的力，两个弹簧测力计的示数如何变化，两个示数又有什么关系？

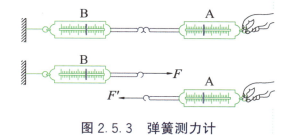

图 2.5.3　弹簧测力计

通过实验可以看到，改变手拉弹簧测力计的力，弹簧测力计的示数也随着改变，但两个示数总是相等。相互作用的两个弹簧测力计，无论它们如何被拉开，两个弹簧测力计的示数总是相等。这说明，两个物体之间的作用力总是大小相等、方向相反，与运动状态无关。当手松开时，两个弹簧测力计上的指针同时回到零点。这说明两个物体之间的作用力是同时产生、同时存在、同时消失的。

拔河比赛中，两队拉力也是成对出现的，作用力总是大小相等、方向相反。

两个物体间相互作用的这一对力，称为**作用力**和**反作用**

力。我们把其中一个力称为作用力,另一个力就称为反作用力。作用力和反作用力总是性质相同的力,它们同时产生、同时消失。

牛顿从大量实验中总结得出:两个物体之间的作用力和反作用力总是大小相等、方向相反,且作用在一条直线上,这就是**牛顿第三定律**。其数学表达式为

$$F = -F' \tag{2.5.1}$$

式中的负号表示 F' 的方向与 F 的方向相反。需要指出,作用力和反作用力是分别作用在两个物体上的力,虽然它们大小相等、方向相反,但不是平衡力。平衡力是作用在同一物体上的力。例如,如图 2.5.4 所示,放在桌面上的书与桌面间的相互作用力是一对作用力与反作用力,即桌面对书的支持力 F_N 和书对桌面的压力 F_N',它们分别作用在书和桌面上,F_N 和 F_N' 不能平衡。只有书的重力 G 和桌面对书的支持力 F_N 这两个力同时作用在书上,它们才是平衡力。

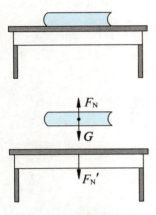

图 2.5.4 桌子与书

牛顿第三定律在生活、生产和科学技术上的应用很广泛。你还能举出哪些实例呢?

2.5.3 牛顿第二定律

上一节探究了物体运动的加速度与物体的受力、物体的质量的关系,并得出这样的结论:在质量不变的情况下,物体的加速度与它所受的力成正比;在物体受力一定的情况下,物体的加速度与它的质量成反比。

科学家们依据大量的实验和观察,总结出:物体加速度的大小与它受到的作用力成正比,与它的质量成反比,加速度的方向与作用力的方向相同。这就是**牛顿第二定律**。

物理学上规定,使质量为 1 kg 的物体产生 1 m/s² 加速度的力为 1 N。由此牛顿第二定律可用公式表示为

$$F = ma \tag{2.5.2}$$

力的单位为牛(N),1 N=1 kg·m/s²。

通常情况下,一个物体往往不只受到一个力的作用。当物体同时受到几个力的共同作用时,式(2.5.2)中的 F 是指作用在物体上的合外力。

根据牛顿第一定律和牛顿第二定律,我们可以把运动和

力的关系归纳为表 2.5.1，从表中可以看出物体受力与运动状态之间的关系。

表 2.5.1 运动和力的关系

受力情况	加速度情况	运动状态
$F_合 = 0$	$a = 0$	静止或匀速直线运动
$F_合$ 恒定	a 恒定	匀变速运动
$F_合$ 随时间改变	a 随时间改变	非匀变速运动

例如，做自由落体运动的物体，只受重力作用，根据牛顿第二定律，物体的合外力 $F = ma = mg$，因此做自由落体运动时物体的加速度为 g，加速度方向与重力方向相同。

学习应用牛顿第二定律时应注意以下几点：

（1）$F = ma$ 中各物理量是针对同一物体而言的；

（2）当物体同时受到几个力的共同作用时，公式 $F = ma$ 中的 F 是指作用在物体上的合外力；

（3）F 和 a 具有瞬时性，它们同时存在、同时消失，方向始终保持一致。

例题

一台起重机的钢绳下悬挂质量为 1.0×10^3 kg 的货物，当货物以 2.0 m/s² 的加速度上升时，求钢绳中拉力的大小。

分析 如图 2.5.5 所示，以货物的运动方向为正方向，货物在竖直方向上受到拉力 F 和重力 G，F 与 G 的合力使货物产生加速度 a。根据牛顿第二定律求出 F。

解 已知 $m = 1.0 \times 10^3$ kg，$a = 2.0$ m/s²，由 $F_合 = F - G$，$F_合 = ma$ 可得

$$F = mg + ma = 1.0 \times 10^3 \times (9.8 + 2.0) \text{ N} = 1.18 \times 10^4 \text{ N}$$

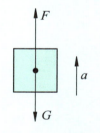

图 2.5.5 货物受力图

反思与拓展

如果货物加速下降，正方向如何取？

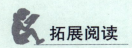 拓展阅读

国际单位制

物理学中，有些物理量的单位是基本的，而有些物理量的单位则是导出的。例如，位移的单位是米（m），时间的单位是秒（s），由速度定义式导出的速度单位是米/秒（m/s），由加速度定义式导出的加速度单位是米/秒²（m/s²）。

如果物理量采用不同的基本单位，导出单位自然随之不同，从而产生不同的单位制。例如，位移的单位采用厘米（cm），时间的单位采用秒（s），由速度定义式导出的速度单位是厘米/秒（cm/s）。不同的地区使用不同的单位制，会使交流不方便。为了促进科技交流与贸易往来等，不同地域的人们逐渐将各自的单位规定进行统一。1960年，第11届国际计量大会制定了一种国际通用的、包括一切计量领域的单位制，称为国际单位制，简称SI。

在力学范围内，规定长度、质量、时间为三个基本量，对热学、电磁学、光学等学科，除了上述三个基本量和相应的基本单位外，还要加上另外四个基本量和它们的基本单位（表2.5.2），才能导出其他物理量的单位。

表2.5.2 国际单位制中的基本单位

物理量名称	物理量符号	单位名称	单位符号
长度	l	米	m
质量	m	千克	kg
时间	t	秒	s
电流	I	安［培］	A
热力学温度	T	开［尔文］	K
物质的量	n	摩［尔］	mol
发光强度	I	坎［德拉］	cd

注：方括号前的字是该单位的中文简称和中文符号。

 实践与练习

1. 骑自行车下坡时，若遇到紧急情况要制动，为安全起见，不能只刹住前轮，为什么？

2. 甲、乙两队开展拔河比赛，甲队胜、乙队负。有人说，拔河时甲队用力比乙队用力大，你认为这一说法正确吗？

3. 用一细线悬挂一个重球，重球处于静止时细线不易断开。当我们迅速拉动重球上升时，细线却容易断开。动手做一做，思考为什么迅速拉动重球上升时细线容易断开。

4. 一辆小汽车的质量是 8.0×10^2 kg，所载乘客的质量是 2.0×10^2 kg，用同样大小的牵引力（忽略阻力），如果不载人时小汽车的加速度是 1.5 m/s^2，那么载人时小汽车的加速度是多少？

2.6 牛顿运动定律的应用

拔河是一项喜闻乐见的运动项目,由牛顿第三定律可知,拔河双方的拉力相等,那胜负又是如何产生的呢?

如图 2.6.1 所示是拔河双方队员的受力分析图,在水平方向上,左队受到右队的拉力 F_{T1},地面对左队有一个向左的摩擦力 F_{f1}。同理,右队受到左队的拉力 F_{T2},地面对右队有一个向右的摩擦力 F_{f2}。根据牛顿第三定律,左、右两队间的拉力是一对作用力和反作用力,大小相等、方向相反,即 $F_{T1} = -F_{T2}$。

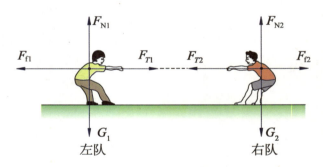

图 2.6.1 两队队员受力分析

如果左队获胜,只要 F_{T1} 的大小不超过其与地面间的最大静摩擦力,必有 $F_{T1} = F_{f1}$,左队所受合力为零。根据牛顿第一定律可知,队员保持静止状态。

对于失利的右队,其与地面间的最大静摩擦力比左队的小,小于右队所受的拉力,即 $F_{f2} < F_{T2}$,合力不为零,方向向左。根据牛顿第二定律可知,右队的加速度向左,滑向左边,从而输掉了比赛。

在本例中决定输赢的是左、右两队在水平方向上所受的合力。左队之所以会获胜,是因为他们受到的合力为零;右队之所以会输，是因为向左的合力改变了他们的运动状态。

在上述实例中，根据两队的受力情况，运用牛顿运动定律讨论了决定拔河比赛输赢的原因。在其他情况中同样可以根据物体的运动状态变化，依据牛顿运动定律分析其受力情况。

例1

质量为 60 kg 的滑雪运动员不借助雪杖，从倾角为 30°的斜坡上自静止起沿斜坡向下加速滑行（图 2.6.2），滑行 200 m 通过标志杆时的速度大小为 40 m/s。试估算滑雪运动员所受的阻力。（取 $g=10$ m/s²）

分析 将滑雪运动员抽象为质点，把问题情境转化为示意图，分析运动员的受力情况。根据运动员的运动情况，运用运动学规律求解加速度。按需要建立坐标系，分析受力情况，运用牛顿运动定律求解运动员所受阻力。

图 2.6.2 运动员从雪坡上下滑

解 以运动员为研究对象，画出运动员从雪坡上下滑的受力分析图，如图 2.6.3 所示。

已知运动员的质量 $m=60$ kg，则运动员受到的重力为

$$G=mg=60\times10 \text{ N}=600 \text{ N}$$

运动员的下滑过程可视为初速度为零的匀加速直线运动，加速度 a 沿斜面向下。以沿斜坡向下为正方向，则运动员的初速度 $v_A=0$ m/s，末速度 $v_B=40$ m/s，位移 $x_{AB}=200$ m，由运动学规律可得

$$v_B{}^2-v_A{}^2=2ax_{AB}$$

所以 $a=\dfrac{v_B{}^2-v_A{}^2}{2x_{AB}}=\dfrac{40^2-0}{2\times200}$ m/s² $=4$ m/s²

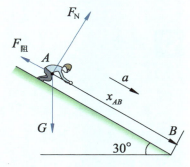

图 2.6.3 运动员的受力分析图

运动员的加速度 $a=4$ m/s²，方向沿斜坡向下。

根据牛顿第二定律，运动员所受的合力也沿斜坡向下，垂直于斜坡方向上的合力为零。建立坐标系，x 轴平行于斜坡向下，y 轴垂直于斜坡向上。沿 x 与 y 方向分解重力，如图 2.6.4 所示，有

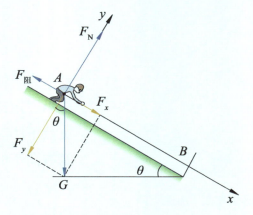

图 2.6.4 分解重力

$$F_x = G\sin\theta$$
$$F_y = G\cos\theta$$

沿 x 方向的合力使运动员沿斜坡向下加速运动，根据牛顿第二定律得

$$F_x - F_{阻} = ma$$

所以

$$F_{阻} = F_x - ma = G\sin\theta - ma = (600 \times \sin 30° - 60 \times 4) \text{ N} = 60 \text{ N}$$

滑雪运动员所受的平均阻力为 60 N，方向沿斜坡向上。

反思与拓展

本例中，首先根据运动员的运动情况求出运动员的加速度，再运用牛顿运动定律求解运动员所受的阻力。

有时我们也会运用牛顿运动定律，根据物体的受力来确定物体的运动情况。这两种类型的应用都是人们认识客观世界、进行科学研究的重要途径。

活动

讨论失重与超重的原因

重力是由于地球吸引而产生的，在讨论失重和超重问题时，把重力称为真重。一个物体在地球上的同一地方真重不变。人静止不动站在体重计上，体重计的示数就是人的真重 G。可是当人在体重计上加速向下蹲时，人的重心加速向下运动，体重计上的示数还是 G 吗？当蹲着的人突然站起时，人的重心加速向上运动，体重计的示数又如何呢？大家不妨试一试。

▶ 失重现象产生的原因

为了便于叙述，我们把体重计的示数称为视重。根据牛顿第三定律，视重等于体重计对人的支持力 F_N 的大小。当人突然下蹲时，人的重心向下做加速运动，人所受的合力向下，具有向下的加速度，如图 2.6.5 所示，根据牛顿第二定律有

$$G - F_N = ma$$

所以
$$F_N = G - ma < G$$

这种视重小于真重的现象，称为**失重**。向下的加速度越大，失重越多。

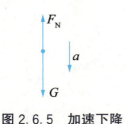

图 2.6.5 加速下降

▶ 超重现象产生的原因

当蹲着的人突然站起时，人的重心向上做加速运动，人所受的合力向上，具有向上的加速度，如图 2.6.6 所示，根据牛顿第二定律有

$$F_N - G = ma$$

所以 $F_N = G + ma > G$

图 2.6.6 加速上升

这种视重大于真重的现象，称为**超重**。向上的加速度越大，超重越多。

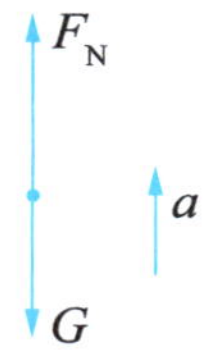

人乘坐垂直电梯由低楼层向高楼层运动的过程中，依次经历加速、匀速、减速过程。当电梯加速上升时，电梯的加速度方向向上，人处于超重状态；当电梯匀速上升时，人的重力和受到电梯的支持力平衡；当电梯减速上升时，虽然电梯的速度向上但加速度方向向下，人处于失重状态。请大家分析人乘坐电梯由高楼层向低楼层运动的情况。

例2

一个质量为 60 kg 的学生站在升降机内的体重计上，当升降机在以下三种情况下运动时，体重计上的示数各是多少？（取 $g = 10$ m/s²）

（1）以 0.5 m/s² 的加速度匀加速上升；
（2）以 2 m/s 的速度匀速上升；
（3）以 0.5 m/s² 的加速度匀加速下降。

分析 人对体重计的压力和体重计给人的支持力是一对作用力和反作用力，根据牛顿第三定律，只要求出后者，前者就知道了。以该学生为研究对象，进行受力分析，然后根据牛顿第二定律列方程求解。

解 以该学生为研究对象，已知 $m = 60$ kg，则学生所受重力为

$$G = mg = 60 \times 10 \text{ N} = 600 \text{ N}$$

如图 2.6.7 所示，对该学生进行受力分析，他受重力 G 和体重计的支持力 F_N 的作用。取竖直向上为正方向。

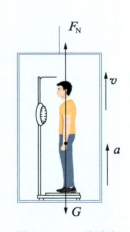

图 2.6.7 升降机

（1）已知 $G = 600$ N，$a = 0.5$ m/s²，加速度方向竖直向上。
根据牛顿第二定律 $F_N - G = ma$ 可得

$$F_N = G + ma = (600 + 60 \times 0.5)\text{ N} = 630 \text{ N}$$

（2）已知 $G = 600$ N，$a = 0$ m/s²。

根据牛顿第二定律有 $\quad F_N - mg = ma = 0$

所以 $\quad F_N = G = 600$ N

（3）已知 $G = 600$ N，$a = -0.5$ m/s²，加速度的方向竖直向下。

根据牛顿第二定律 $F_N - G = ma$ 可得

$$F_N = G + ma = [600 + 60 \times (-0.5)]\text{ N} = 570 \text{ N}$$

由牛顿第三定律可知，体重计的示数在数值上等于体重计对人的支持力，所以在上述三种情况下体重计的示数分别是 630 N、600 N 和 570 N。

反思与拓展

上述三种情况下学生的重力始终没有变化，而体重计显示却不同。想要准确称量体重，需要怎样测量？

牛顿运动定律是牛顿力学的基础。在我们的生活、生产和科学实践中，无论是大楼、桥梁及太空站的结构，还是汽车、飞机、火箭、人造卫星及各种天体的运动，或是岩石、地壳、洋流、大气等的移动，都遵循牛顿运动规律。但是，牛顿力学只是人类长期对自然运动规律探索的一个发展阶段，和其他理论一样，有其自身的局限性和适用范围。牛顿力学适用于宏观、低速、弱引力的广阔领域。

  实践与练习

1. 质量为 3.0×10^3 kg 的卡车紧急刹车后仍然发生了车祸。交通警察在进行事故调查时，测量出卡车车轮在路面上滑出的擦痕长为 12 m。根据路面与车轮间的动摩擦因数为 0.90，警察怎样估算出该车是否超速？设该路段限速为 40 km/h。

2. 一辆载货的汽车，总质量为 4.0×10^3 kg，牵引力为 4.8×10^3 N，从静止开始运动，经过 10 s 前进了 40 m，则汽车受到的阻力是多少？

3. 滑冰者停止用力后，在平直的冰面上前进了 80 m 后静止。如果滑冰者的质量为 60 kg，动摩擦因数为 0.015，求滑冰者受到的摩擦力和初速度的大小。

4. 升降机以 0.5 m/s² 的加速度加速上升，升降机地板上有一质量为 60 kg 的物体，求此时物体对升降机地板的压力。当升降机减速上升，加速度大小为 0.5 m/s² 时，求物体对升降机地板的压力。

小结与评价

内容梳理

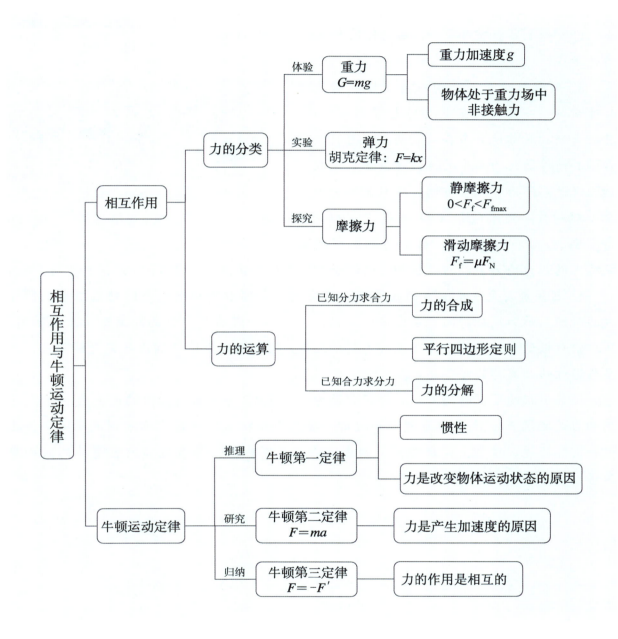

问题解决

1. 一重 600 N 的物体放在水平地面上，要使它从原地移动，最小要用 190 N 的水平推力，若移动后只需 180 N 的水平推力即可维持物体匀速运动，则

（1）物体与地面间的最大静摩擦力有多大？

(2) 物体与地面间的滑动摩擦力有多大？

(3) 用 250 N 的水平推力使物体运动后，物体受到的摩擦力有多大？

2. 工人正在推动一台割草机，施加的力的大小为 100 N，方向如图所示。

(1) 画出 100 N 力的水平分力和竖直分力。

(2) 若割草机重 300 N，则它作用在地面上向下的压力是多少？

第 2 题图

3. 如图所示，七只狗拉着雪橇在雪地上匀速前行。一只头狗在中间 Q 位置引领方向，其余六只狗对称地分布在头狗两侧。可将狗拉雪橇的情境简化为图中的连线示意图，连接雪橇的绳子 OP 沿 y 轴负方向，六只狗的分布关于 y 轴对称，绳子 OB、OD、OF 与 x 轴的夹角分别为 30°、45°、60°。已知与狗相连的每根绳上的拉力均为 F，与雪橇相连的绳子 OP 上的拉力是否等于 $7F$？请说明理由。

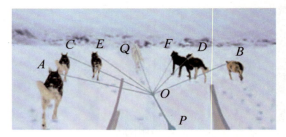

第 3 题图

4. 驾驶员看见汽车前方的物体后，从决定停车到右脚刚刚踩在制动器踏板上所经过的时间，称为反应时间。在反应时间内，汽车按一定速度行驶的距离称为反应距离。从踩紧踏板到车停下的这段距离称为刹车距离。司机从发现情况到汽车完全停下来，汽车所通过的距离称为停车距离。

设某司机的反应时间为 t_0，停车距离为 s。如果汽车正常行驶时的速度为 v_0，刹车制动力是定值 F_f，汽车的质量为 m。请根据汽车司机从发现前方情况到汽车完全停止这一实际情境，推导出停车距离 s 的表达式，并写出两条与表达式内容有关的短小警示语。

第 3 章
抛体运动与匀速圆周运动

射箭运动中，如何瞄准才能射中目标呢？

我们学习了匀变速直线运动，知道匀变速直线运动物体的运动轨迹是一条直线。在自然界中物体的运动轨迹是曲线的运动很常见，田径场上投掷出的链球、铅球，公转的地球，它们运动的轨迹都是曲线。本章我们将通过研究曲线运动，学习平抛运动和匀速圆周运动的规律。

主要内容
◎ 曲线运动
◎ 运动的合成与分解
◎ 学生实验：探究平抛运动的特点
◎ 抛体运动
◎ 匀速圆周运动

3.1 曲线运动

自然界中物体的运动通常十分复杂。做自由落体运动的物体、沿平直公路行驶的汽车，其运动轨迹都可视为直线，这种轨迹为直线的运动称为直线运动。步枪射出的子弹、投出的篮球，其运动轨迹都是曲线。子弹、篮球为什么做曲线运动而不是直线运动呢？

3.1.1 曲线运动的描述

日常生活中，物体的运动轨迹一般是比较复杂的曲线。物体沿曲线所做的运动称为**曲线运动**。做曲线运动的物体，在不同时刻、不同位置的运动方向一般都是不同的。我们知道，物体做直线运动时，速度方向与运动轨迹一致。物体做曲线运动时，速度方向又是怎样的呢？

活动

观察曲线轨道中钢球的运动方向

曲线轨道由 AB 和 BC 两段轨道组成，把曲线轨道放置在水平桌面上，如图 3.1.1 所示。首先将两段轨道拼接在一起，钢球由 C 端进入轨道，由 A 端离开轨道。为了描述钢球的运动方向，在轨道下面放上白纸，让钢球沾上墨水，钢球就会在白纸上留下运动的轨迹，观察并标出钢球在 A 端的运动方向。拆去 AB 段轨道，将出口改为 B 端，观察并标出钢球在 B 端的运动方向。在曲线轨道任意位置，钢球的运动方向如何？

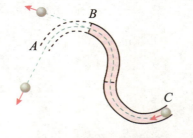

图 3.1.1 钢球在轨道中运动

由实验观察到，钢球运动到曲线轨道末端后做直线运动，且该直线是曲线轨迹末端的切线，钢球在某点的运动方向为该点曲线轨迹的切线方向。

> 💡 **方法点拨**
>
> 物理学中，观察是科学研究的第一步，观察激发理性的思考。通过对物体运动轨迹的观察，可以发现物体做曲线运动的速度方向。

做曲线运动的物体，其瞬时速度方向是怎样的？我们知道，平均速度的方向是这段时间内位移的方向，而瞬时速度的方向是物体某时刻的运动方向。

大量事实表明，做曲线运动的物体，其速度方向是时刻改变的。物体在某一点的瞬时速度方向是该点曲线轨迹的切线方向。图 3.1.2 中标出了曲线上 A、B 两点的切线方向，即为 A、B 两点的速度方向。

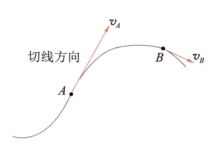

图 3.1.2 曲线运动的速度方向

由于速度是矢量，速度大小或者方向变化（或两者均变化），物体就有加速度。曲线运动的速度方向时刻在变化，所以曲线运动是变速运动。

3.1.2 物体做曲线运动的条件

物体在什么情况下做曲线运动呢？

> 🧠 **活动**
>
> **观察钢球的运动轨迹**
>
> 如图 3.1.3 所示，在水平桌面上放置斜面轨道，让钢球沿斜面滚下，观察钢球的运动轨迹。若在其运动轨迹旁放一块磁铁，再观察钢球沿斜面滚下时的运动轨迹。

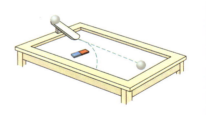

图 3.1.3 钢球的运动轨迹

由实验可以观察到，当钢球受到磁力的作用后，由原来的直线运动改做曲线运动。从物体受力的角度分析，磁力的方向与钢球的速度方向不在同一条直线上时，钢球做曲线运动。

当物体所受合力的方向与其运动速度方向在同一条直线上时，物体做直线运动；当物体所受合力的方向与其运动速度方向不在同一条直线上时，物体做曲线运动。

篮球为什么做曲线运动而不是直线运动？如果忽略空气

阻力作用，篮球在运动过程中仅受重力作用，其速度方向与重力方向不在同一条直线上，所以篮球做曲线运动。

实践与练习

1. 做曲线运动的物体，其物理量一定变化的是（　　）

A. 速率　　　　B. 速度　　　　C. 加速度　　　　D. 合力

2. 如图 3.1.4 所示为一物体的运动轨迹，物体在水平面上先后经过 A、B、C 三点。请在图上标出物体经过这三个位置时的速度方向。

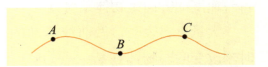

图 3.1.4　物体的运动轨迹

3. 如图 3.1.5 所示，一质点沿 AB 方向做匀速直线运动，当质点运动到 B 点时加上一个力 F。请判断此后该质点的运动轨迹最接近图中哪条虚线。

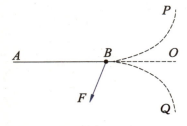

图 3.1.5　质点受力 F 后的可能轨迹

图 3.1.6　篮球的运动轨迹

4. 在篮球运动中，如果忽略空气阻力的作用，篮球被投出后只受到重力作用，在起始点，篮球的重力方向与速度方向如图 3.1.6 所示，请画出篮球运动轨迹上其他两点的重力方向和速度方向。

3.2 运动的合成与分解

乘船过河的时候，虽然看着船头直指对岸，但是船到达对岸时却发现登陆地点已经向河的下游偏移，怎样解释这种现象？

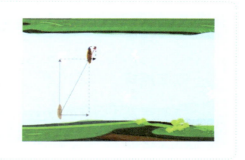

在 17 世纪，伽利略提出了研究曲线运动的方法，该方法是把曲线运动分解为两个相互垂直方向的运动。通常把曲线运动看成两个相互垂直的简单直线运动的组合，只要知道每个分运动的规律，就可以得到合运动的规律，从而使研究曲线运动问题变得容易。下面以小船渡河问题分析运动的合成与分解。

如图 3.2.1 所示，若河水不流动，船始终垂直于河对岸以速度 v_1 匀速划动，经过时间 t，小船会从 A 点匀速运动到河对岸的 B 点，位移为 s_1。若小船没有划动，河水均匀流动速度为 v_2，在相同的时间 t 内，河水会使小船从 A 点匀速运动到 D 点，位移为 s_2。若小船在流动的河水中匀速划动，经过相同的时间 t，小船会从 A 点运动到河对岸的 C 点，位移为 s。

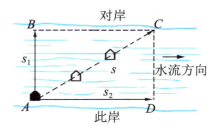

图 3.2.1 小船在河水中运动

位移是矢量，其合成遵从平行四边形定则。由位移的矢量合成可知，A、C 两点间的位移 s 为 AB 段位移 s_1 和 AD 段位移 s_2 的矢量和，位移 AB 与 AD 垂直，由勾股定理可知，小船从 A 点运动到河对岸 C 点的位移大小为 $s=\sqrt{s_1{}^2+s_2{}^2}$，如图 3.2.2 所示。

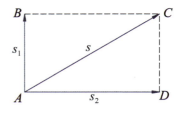

图 3.2.2 位移的合成

小船从 A 点到 C 点的运动，可看成是 AB 段的匀速直线运动和 AD 段的匀速直线运动两个分运动的合运动。由于两分运动的方向相互垂直，由勾股定理可知，对应小船从 A 点运动到河对岸的 C 点合运动的速度 v 的大小为 $v=\sqrt{v_1{}^2+v_2{}^2}$，如图 3.2.3 所示。

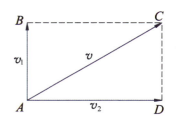

图 3.2.3 速度的合成

既然一个运动可以看成两个分运动的组合，那么描述两个分运动在一段时间内的位移、速度和加速度等物理量的矢量和就是该段时间内物体合运动的位移、速度和加速度。这种已知分运动求合运动的方法，称为**运动的合成**；反之，由已知的合运动求分运动的方法，称为**运动的分解**。

方法点拨

一个运动可以看成两个或几个运动的合成，这两个或几个运动是同时进行的且互不干扰，称为运动的独立性。在研究比较复杂的运动问题时，运用运动合成的方法是十分有效的。同时，这一方法的运用要注意合运动与分运动之间、各分运动之间都具有等时性的特点。

例题

小船在静水中的运动速度为 4 m/s，若河水流速为 2 m/s，则小船的船头应指向哪个方向才能恰好到达河的正对岸？渡河时间为多少？设河的宽度为 700 m。

分析 如图 3.2.4 所示，设小船在静水中的速度 $v_1=4$ m/s，河水的流速 $v_2=2$ m/s，为了使小船恰好到达河的正对岸，由运动的合成可知，河水的流速 v_2 与小船的速度 v_1 的合速度 v 的方向需要与河岸垂直。由几何关系可求解 v_1 与 v 之间的夹角及 v 的大小；利用已知河宽 $x=700$ m 的条件，可求解渡河时间。

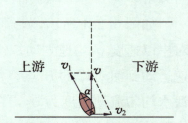

图 3.2.4 小船过河示意图

解 由图 3.2.4 可知 $\sin\alpha=\dfrac{v_2}{v_1}=\dfrac{2}{4}=0.5$，解得 $\alpha=30°$。

小船应朝与河岸垂直方向偏左 30° 的方向行驶，才能恰好到达河的正对岸。
由勾股定理得到合速度的大小为

$$v=\sqrt{v_1^2-v_2^2}=\sqrt{4^2-2^2}\ \text{m/s}\approx 3.5\ \text{m/s}$$

渡河时间为

$$t=\frac{x}{v}=\frac{700}{3.5}\ \text{s}=200\ \text{s}$$

反思与拓展

本题的合速度大小是 $v=\sqrt{v_1^2-v_2^2}$，在如图 3.2.1 所示的小船在河水中运动的例子中，其合速度大小是 $v=\sqrt{v_1^2+v_2^2}$，为什么都是合速度，而结果的表达式却不同？

在本题中，若小船在行驶过程中始终保持船头的指向垂直于河岸，则渡河时间是多少？小船到达对岸时向下游偏移的位移是多少？

实践与练习

1. 关于合运动与分运动的关系，下列说法正确的是（   ）

A. 合运动的速度一定大于分运动的速度

B. 合运动的速度可以小于分运动的速度

C. 合运动的位移就是两个分运动位移的代数和

D. 合运动的时间与分运动的时间不一样

2. 某同学做投篮运动，当他以 $v_0=10$ m/s 的初速度，与水平方向成 60°的倾角，将篮球斜向上投出，求篮球的初速度沿水平方向和竖直方向的分速度的大小。

3. 在雪地军事演习中，射击者坐在向正东方向行驶的雪橇上，已知子弹射出时的速度是 500 m/s，雪橇的速度是 10 m/s，要射中位于射击者正北方的靶子，必须向什么方向射击？（结果可用三角函数表示）

3.3 学生实验：探究平抛运动的特点

当物体以一定的初速度沿水平方向抛出，不考虑空气阻力，物体只在重力作用下所做的运动，称为**平抛运动**。

【实验目的】

（1）会描绘物体做平抛运动的轨迹。

（2）可以将平抛运动分解为水平方向的匀速直线运动和竖直方向的自由落体运动，通过实验验证其正确性，为运动的合成与分解提供证据。

【实验器材】

描绘平抛运动轨迹的实验装置如图 3.3.1 所示，包括释放小球用的底部水平的斜槽、斜槽上的释放装置、竖直板、方格纸和复写纸、带凹槽的挡板。

【实验方案】

平抛运动中物体只受重力作用，且具有沿水平方向的初速度。根据运动的合成与分解及牛顿运动定律，可以将平抛运动分解为水平方向的匀速直线运动和竖直方向的自由落体运动。本实验根据此原理设计、验证以上猜想。

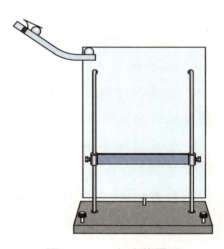

图 3.3.1　实验装置图

如图 3.3.1 所示，在斜槽顶部释放一个小球，当这个小球到达斜槽底部时做水平运动，撞击到放置在斜槽水平出口处的另一个质量稍小的小球后，两球同时飞出，同时落下，一个小球做平抛运动，另一个小球做自由落体运动，从中可以得出平抛的小球与直接下落的小球在竖直方向的运动是相同的。

利用如图 3.3.1 所示的实验装置获得小球做平抛运动的轨迹。把挡板放在不同的高度，使平抛的小球落在凹槽中。由于小球受到凹槽的挤压会通过复写纸在方格纸上留下落点的位置，从而在方格纸上留下小球做平抛运动的轨迹。通过小球落点的位置描绘平抛运动的轨迹，探究平抛运动水平方向和竖直方向分运动的规律。

注意：本实验中小球做平抛运动的初速度与小球的释放高度及是否由静止释放有关，要保证每次释放小球做平抛运动的初速度相同，故需要控制小球的释放高度相同并使其保持静止状态。

【实验步骤】

（1）把一个小球放在斜槽的水平出口处，另一个小球放在斜槽上方的释放处，释放上方的小球，让其自由滚下，撞击下方的小球，观察两球是否同时下落。分别调整挡板的位置，更换不同的小球，听两球下落到下面挡板的声音是否同时，判断被撞出的小球的下落规律是否与做自由落体运动小球的下落规律相同。

（2）在竖直板上依次附上方格纸和复写纸，将带凹槽的挡板固定在某一高度，把小球卡在斜槽释放装置上，释放小球使其由静止沿斜槽滚下，小球落在挡板的凹槽里，在方格纸上会留下标记。

（3）改变挡板的高度，重复步骤（2），把小球卡在斜槽释放装置上，保证小球从斜槽的同一高度由静止下落，再次得到小球在方格纸上的落点位置；重复实验，可以在方格纸上得到小球做平抛运动过程中的多个落点位置，从而获得小球的运动轨迹。实验结束后取下方格纸。

注意：实验过程中将挡板按照从高到低或从低到高的顺序放置。

【数据记录与处理】

从竖直板上取下方格纸，用平滑曲线连接各落点位置，得到小球做平抛运动的轨迹。以小球在斜槽底部水平飞出点为原点，建立直角坐标系。用刻度尺测量小球在水平方向的位移和竖直方向的位移。

（1）把测量的数据填入表 3.3.1 中。

表 3.3.1　小球在水平方向的位移 x 和竖直方向的位移 y 的记录表

物理量	位置 1	位置 2	位置 3	位置 4	位置 5
x/m					
y/m					

（2）通过数据分析做平抛运动的小球在水平方向的位移与竖直方向的位移之间的关系，总结平抛运动的特点。

【实验结论】

由实验数据可以推断出平抛运动可分解为竖直方向的自由落体运动和水平方向的匀速直线运动。

【交流与评价】

（1）如何保证小球抛出后的运动是平抛运动？

（2）为什么小球每次要从同一位置滚下？

（3）各组就数据分析的具体过程进行交流，比较、分析实验结果的异同及其原因。

（4）伽利略认为，做平抛运动的物体同时做两种运动：在水平方向上物体不受力的作用而做匀速直线运动，在竖直方向上物体受到重力作用而做自由落体运动。他假定这两个方向的运动"既不彼此影响干扰，也不互相妨碍"，物体的运动就是这两个运动的合运动。你的实验结果能否验证伽利略的观点？

（5）尝试利用手机记录抛体运动轨迹的方法。

实践与练习

1. 根据实验设计及数据撰写"探究平抛运动的特点"的实验报告，报告内容包括实验目的、设计原理、实验原始数据及分析。在报告中呈现设计的实验表格以及数据分析过程和实验结论。

2. 在"探究平抛运动的特点"实验中，下列做法可以减小实验误差的是（　　）

A. 使用体积更小的球

B. 尽量减小球与斜槽间的摩擦

C. 使斜槽末端的切线保持水平

D. 使小球每次都从同一高度由静止开始滚下

3. 图 3.3.2 是一小球做平抛运动时被拍下的频闪照片的一部分，背景标尺每小格的边长表示 5 cm。由这张照片求小球做平抛运动的初速度大小。

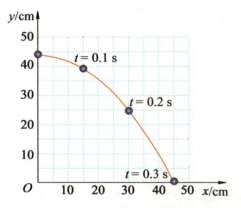

图 3.3.2　平抛小球的频闪照片

3.4 抛体运动

在体育运动项目中，抛体运动很常见。如在排球比赛中，运动员要使排球既能过网，又不出界，需要考虑哪些因素？

3.4.1 平抛运动

在"探究平抛运动的特点"的实验中，由运动的合成与分解及运动的独立性分析，证明了水平抛出的小球在水平方向上做匀速直线运动，在竖直方向上做初速度为零的匀加速直线运动（自由落体运动）。为了探究平抛物体的运动特点，需要在理想条件下探究抛体运动的规律。理想条件是指忽略空气阻力，仅考虑重力影响，把物体简化为一个质点模型。

如图 3.4.1 所示，以抛出点为坐标原点 O，以水平向右的方向和竖直向下的方向分别为 x 轴和 y 轴的正方向，建立平面直角坐标系。设质点离开 O 点的初速度为 v_0。

在水平方向上，质点做匀速直线运动，在任意时刻的速度和位移分别为

$$v_x = v_0 \qquad (3.4.1)$$
$$x = v_0 t \qquad (3.4.2)$$

在竖直方向上，质点做自由落体运动，在任意时刻的速度和位移分别为

$$v_y = gt \qquad (3.4.3)$$
$$y = \frac{1}{2}gt^2 \qquad (3.4.4)$$

根据式（3.4.2）和式（3.4.4），由平行四边形定则可知，质点的位移是这两个分运动位移的矢量和，其大小为

$$s = \sqrt{x^2 + y^2} \qquad (3.4.5)$$

> **信息快递**
>
> 在研究物体的运动时，建立合适的坐标系很重要。例如，研究物体做直线运动时，最好沿着这条直线建立一维坐标系。研究物体在平面内的运动时，可以选择建立平面直角坐标系。

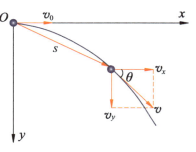

图 3.4.1 平抛运动示意图

位移的方向如图 3.4.1 所示。

质点在该时刻的速度是两个分运动速度的矢量和，其大小为

$$v=\sqrt{v_x^2+v_y^2}=\sqrt{v_0^2+(gt)^2} \qquad (3.4.6)$$

速度的方向如图 3.4.1 所示。如果用平滑曲线把各时刻质点的位置连接起来就得到质点做平抛运动的轨迹，这个轨迹是一条抛物线。质点在平抛运动中加速度 g 的大小和方向始终保持不变，所以平抛运动属于匀变速曲线运动。

由水平和竖直方向的速度公式，可以求得任一时刻物体的分速度 v_x、v_y，则任一时刻质点实际速度的大小为 $v=\sqrt{v_x^2+v_y^2}$，任意时刻速度的方向是平抛轨迹的切线方向，可以用 v 与水平方向的夹角 θ 表示，且 $\tan\theta=\dfrac{v_y}{v_x}$，如图 3.4.1 所示。

平抛运动在实际生活中有广泛的应用。例如，游戏时向前扔的套圈、飞机投掷的炸弹、排球比赛中被运动员沿水平方向击中的球等的运动都可以看作平抛运动。了解平抛运动的规律可以帮助我们更好地掌握这些运动的技巧和规律。

方法点拨

平抛运动中，水平分运动、竖直分运动经过的时间相等，这称为平抛运动的等时性。解决平抛运动问题时会涉及位移、速度与时间的关系，水平分运动、竖直分运动经过的时间相等为解两个方向的方程建立了联系。

例题

军事演习中，一架装载军用物资的飞机，在距地面 810 m 的高空以 60 m/s 的水平速度飞行。如图 3.4.2 所示，为了把军用物资准确地投掷到地面目标位置，飞行员应在距目标水平距离多远处投放物资？（取重力加速度 $g=10$ m/s^2，不计空气阻力）

分析 从飞机上投放的物资在离开飞机的瞬间具有与飞机相同的水平初速度。在忽略空气阻力的情况

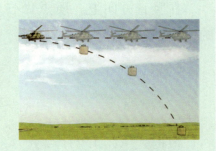

图 3.4.2 物资做平抛运动的轨迹示意图

下，物资在下落过程中只受重力作用，所以离开飞机后的物资做平抛运动，根据平抛运动的规律可求解飞行员应在距目标水平距离多远处投放物资的问题。

解 建立如图3.4.3所示的坐标系。分别考虑竖直方向和水平方向的运动，列出已知量和未知量。

水平方向：物资做匀速直线运动，已知初速度$v_0=60$ m/s。未知量：时间t、距离x。

竖直方向：物资做自由落体运动，已知飞机距离地面的高度$H=810$ m，即距离y。未知量：时间t。

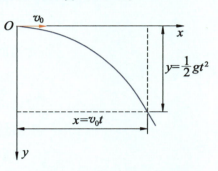

图3.4.3 物资做平抛运动的坐标系

应用y轴方向的运动方程$y=\frac{1}{2}gt^2$求出运动时间，即

$$t=\sqrt{\frac{2y}{g}}=\sqrt{\frac{2\times 810}{10}}\text{ s}=9\sqrt{2}\text{ s}$$

应用x方向的运动方程$x=v_0t$求出飞行员投放物资处距离目标的水平距离为

$$x=v_0t=60\times 9\sqrt{2}\text{ m}\approx 764\text{ m}$$

所以，飞机应该在距目标水平距离为764 m的地方开始投放物资。

反思与拓展

解决平抛运动问题时，首先要确定物体在空中运动的时间，即物体的水平分运动和竖直分运动经过的时间，再计算物体在给定时间内的位移、速度和加速度等。由于平抛运动的加速度是重力加速度，g是定值，所以做平抛运动物体的出发点在空中的高度决定了运动时间。

如图3.4.4所示，当人在同一位置以不同的初速度水平抛出物体时，虽然物体的落地点不同，但可以肯定的是物体的落地时间是相同的。请你说说这是为什么？

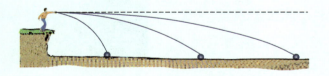

图3.4.4 以不同速度抛出的物体

3.4.2 斜抛运动

斜抛运动是指物体以一定的初速度被斜向抛出后,在空气阻力可以忽略的情况下,物体所做的运动。斜抛运动是匀变速曲线运动,它的运动轨迹也是抛物线。

斜抛运动可以看作是水平方向的匀速直线运动和竖直上抛运动的合运动,也可以看作是沿抛出方向的直线运动和自由落体运动的合运动。

斜抛运动的三要素是射程、射高和飞行时间。其中,**射程**是指在一定的高度和初速度下,物体被抛出后所经过的水平距离;**射高**是指物体被抛出后所达到的最高点与抛出点之间的垂直距离;**飞行时间**是指物体从抛出点到落地点的总时间。实验及研究表明,当初速度与水平方向之间的夹角一定时,初速度越大,斜抛物体的射高和射程越大;当初速度大小一定,与水平方向之间的夹角为 45°时,斜抛物体的射程最大,如图 3.4.5 所示。斜抛运动的射高和射程是实际生产生活中所关注的重要问题。

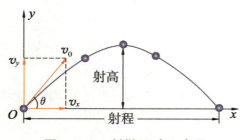

图 3.4.5 斜抛运动示意图

 生活·物理·社会

飞越黄河第一人

1997 年 6 月 1 日下午,为庆祝香港回归中国,中国台湾地区特技演员柯受良驾驶汽车飞越黄河壶口 55 m 宽的瀑布(图 3.4.6)。汽车从壶口瀑布的山西一侧起飞,历时 1.58 s 落在了陕西一侧,完成了飞越壮举。柯受良也成为飞越黄河第一人。

图 3.4.6 柯受良在壶口驾车飞跃黄河

柯受良驾驶汽车在黄河壶口瀑布上空划出了一条优美的曲线。从物理学的角度分析可知,忽略空气阻力,汽车的初速度与水平方向成一定角度,汽车做的是斜抛运动。生活中还有很多类似的例子,如在田径场上被投掷出的链球、铅球、铁饼、标枪等都是以某一角度向上抛出的，从物理学的角度分析可知这些物体也都做斜抛运动。

实践与练习

1. 关于平抛运动，下列说法正确的是（　　）

A. 平抛运动是速度大小不变的曲线运动

B. 平抛运动是加速度不变的匀变速曲线运动

C. 平抛运动是水平方向的匀速直线运动和竖直方向的匀速直线运动的合运动

D. 平抛运动是水平方向的匀速直线运动和竖直方向的匀加速直线运动的合运动

2. 用 m、v_0、h 分别表示做平抛运动物体的质量、初速度和抛出点离水平地面的高度。在这三个量中：

(1) 物体在空中运动的时间是由_____决定的；

(2) 物体在空中运动的水平位移是由_____决定的；

(3) 物体落地时瞬时速度的大小是由_____决定的；

(4) 物体落地时瞬时速度的方向是由_____决定的。

3. 体验套圈游戏，如图 3.4.7 所示，小孩和大人在同一竖直线上的不同高度先后水平抛出小圈，且小圈都恰好套中前方同一个物体。假设小圈的运动可视为平抛运动，下列说法正确的是（　　）

A. 小孩抛出小圈的初速度较小

B. 两人抛出小圈的初速度大小相等

C. 小孩抛出小圈的运动时间较短

D. 大人抛出小圈的运动时间较短

图 3.4.7　套圈游戏

4. 如图 3.4.8 所示，靶盘竖直放置，A、O 两点等高且相距 4 m，将质量为 20 g 的飞镖从 A 点沿 AO 方向抛出，经 0.2 s 落在靶心正下方的 B 点。不计空气阻力，取重力加速度 $g = 10$ m/s^2，求：

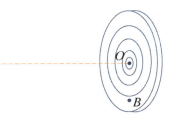

图 3.4.8　飞镖靶

(1) 飞镖飞行中受到的合力；

(2) 飞镖从 A 点抛出时的速度；

(3) 飞镖落点 B 与 O 点的距离。

75

3.5 匀速圆周运动

"水流星"是一项中国传统民间杂技艺术。在长约 2 m 的绳索两端各系一只碗，碗里面倒上水，随着演员的抡动，碗就在竖直面或水平面内做圆周运动，即使碗底朝上，碗里的水也不会洒出来。这是为什么呢？

3.5.1 圆周运动的描述

当物体绕着一个半径固定的圆周运动时，称物体做**圆周运动**。在生产、生活和自然界中，许多过程都涉及圆周运动。例如，链球运动员双手握着链球上铁链的把手，身体转动带动链球旋转，最后链球脱手而出，链球在运动员脱手之前的运动轨迹是圆形，链球在做圆周运动。

活动

观察小球做圆周运动

如图 3.5.1 所示，一根结实的细绳，一端系一个小球，另一端用手捏住，把小球放在水平光滑的平板上，用力转动绳子使小球在平板上做圆周运动。体验手对做圆周运动的小球的拉力。如果小球逆时针转动，标出图 3.5.1 中此时细绳对小球拉力的方向及小球的速度方向。

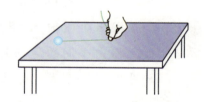

图 3.5.1 小球做圆周运动

如果小球沿着圆形轨迹以恒定的速率运动，这种运动称为**匀速圆周运动**。做匀速圆周运动物体的速度的大小不变，但因物体做的是曲线运动，速度的方向是时刻变化的。

> **匀速圆周运动的速度方向**

在曲线运动的描述中，我们已经知道物体做曲线运动时，物体的速度方向为曲线轨迹的切线方向。与所有曲线运动一样，物体做匀速圆周运动时，它在任意位置的速度方向就是该位置圆周的切线方向。如图 3.5.2 所示，图中标出了 A、B、C 三点的速度方向。

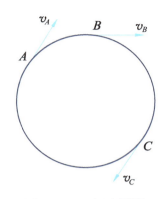

图 3.5.2　匀速圆周运动的速度方向

> **匀速圆周运动的线速度和角速度**

如图 3.5.3 所示，做匀速圆周运动的物体在某时刻 t 经过 A 点。为了描述物体经过 A 点附近时运动的快慢，可以取一段很短的时间 Δt，物体在这段时间内由 A 点运动到 B 点，位移为 Δl，对应的弧长为 Δs。位移 Δl 与时间 Δt 之比是这段时间的平均速度。由于 Δt 时间很短，$\Delta l \approx \Delta s$，物体在 A 点的瞬时速度大小可表示为

$$v = \frac{\Delta s}{\Delta t} \quad (3.5.1)$$

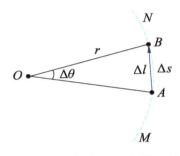

图 3.5.3　物体沿一段圆弧从 A 点运动到 B 点

将物体通过的弧长 Δs 与所用时间 Δt 之比称为匀速圆周运动的**线速度**。在国际单位制中，线速度的单位为 m/s。物体做匀速圆周运动时，线速度大小不变，方向不断变化。

匀速圆周运动的快慢也可以用角速度来描述。如图 3.5.3 所示，做匀速圆周运动的物体从 A 点运动到 B 点，r 为圆周的半径，由几何学可知，$\overset{\frown}{AB}$ 的长度 Δs 和 $\overset{\frown}{AB}$ 对应的圆心角 $\Delta\theta$ 之间的关系为

$$\Delta s = r\Delta\theta \quad (3.5.2)$$

将式（3.5.2）代入式（3.5.1）中，则 $v = \frac{r\Delta\theta}{\Delta t}$，将半径转过的角度 $\Delta\theta$ 与所用时间 Δt 之比称为匀速圆周运动的**角速度**，用符号 ω 表示，即

$$\omega = \frac{\Delta\theta}{\Delta t} \quad (3.5.3)$$

线速度与角速度之间的关系可表示为

$$v = \omega r \quad (3.5.4)$$

做匀速圆周运动物体的角速度保持不变。在国际单位制

> **信息快递**

角的度量单位有角度制和弧度制两种。在弧度制中，规定圆周上长度等于半径的一段弧长所对的圆心角为 1 rad，圆周所对的圆心角为 2π rad。弧度制与角度制的换算关系是

$$1 \text{ rad} = \frac{360°}{2\pi} \approx 57.3°$$

中，角度的单位是弧度（rad），时间的单位是秒（s），角速度的单位是弧度/秒（rad/s）。

> **活动**
>
> 讨论线速度与角速度的区别
>
> 自行车是依靠链条传动方式进行转动的。如图 3.5.4 所示是一种自行车上的链条传动装置示意图。在大、小齿轮轮缘上的 A、B 两点贴上不同颜色的彩纸，当齿轮匀速转动时，在相同时间内，观察 A、B 两点的彩纸通过的弧长是否相等，验证这两点的线速度大小是否相等。同时，观察在相等时间内 B 点绕圆心转过的角度与 A 点绕圆心转过的角度是否相同，验证这两点的角速度大小是否相等。

图 3.5.4 链条传动装置示意图

▶ 匀速圆周运动的周期、频率和转速

做匀速圆周运动的物体，运动一周所用的时间称为**周期**，用符号 T 表示。周期可用来描述匀速圆周运动的快慢：周期越短，运动越快；周期越长，运动越慢。在国际单位制中，周期的单位是秒（s）。由角速度的定义可知，角速度与周期之间的关系为

$$\omega = \frac{2\pi}{T} \tag{3.5.5}$$

通常也可用频率来描述周期性运动的快慢。周期的倒数称为**频率**，用符号 f 表示，即

$$f = \frac{1}{T} \tag{3.5.6}$$

频率即 1 s 内物体转动的圈数。在国际单位制中，频率的单位是赫兹，简称赫（Hz）。显然，频率越高表示物体运动越快，频率越低表示物体运动越慢。在工程技术、生产生活中常用转速描述圆周运动的快慢。**转速**是物体一段时间内转过的圈数与这段时间之比，用符号 n 表示，单位是转/秒（r/s）或转/分（r/min）。当转速 n 以转/秒为单位时，转速与频率大小相等，即 $n = f$。

3.5.2 向心力与向心加速度

我们知道物体做曲线运动的条件，当物体所受合力的方向与其运动速度方向不在同一条直线上时，物体做曲线运动。圆周运动是一种特殊的曲线运动，物体受哪些力可以使它做圆周运动呢？物体做匀速圆周运动的条件是什么？

> **活动**
>
> 体验向心力
>
> 利用如图 3.5.1 所示的装置做圆周运动实验，体验手对小球的拉力。当减小旋转的速度时拉力会怎样变化？换一个质量较大的铁球进行实验，细绳的拉力会怎样变化？如果增大小球的旋转半径，细绳的拉力又会怎样变化？将手松开，观察小球是否能继续做圆周运动。

在上述活动中，细绳对小球拉力的方向与小球的运动速度方向始终是垂直的，当手松开后，小球受到的重力与桌面的支持力是一对平衡力，小球不再受拉力作用，小球脱离圆周沿切线方向飞出。小球做圆周运动的力是细绳对小球的拉力并且这个力一直指向圆心。

研究表明，物体做匀速圆周运动的条件是受到与物体的速度方向垂直、始终指向圆心的合力作用，这个力称为**向心力**。向心力是根据作用效果命名的力，重力、弹力、摩擦力或者这些力的合力都可以作为向心力。下面分析几种向心力的来源。

如图 3.5.5 所示，一根结实细绳一端系一个小球，另一端固定，使小球在水平面内做圆周运动，细绳就沿圆锥面旋转，这就是圆锥摆。小球在水平面内做圆周运动的向心力是什么力呢？

对小球进行受力分析，设小球的质量为 m，小球受到重力 mg 和绳子的拉力 T 的作用，因为小球始终只在同一个水平面内运动，所以重力和拉力的合力 $F_合$ 一定在水平面内。用平行四边形定则可以求出这两个力的合力方向是指向圆心的，正是这个指向圆心的合力使小球在水平面内做圆周运动。由

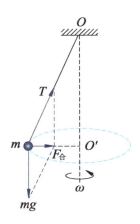

图 3.5.5 圆锥摆

此可见，圆锥摆中小球做圆周运动的向心力是重力和绳子拉力的合力。

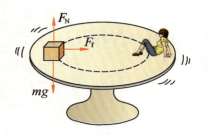

图 3.5.6 旋转圆盘

如图 3.5.6 所示，在一个旋转的圆盘上，圆盘上的人和物体能随水平圆盘一起匀速转动。人或物体在做圆周运动，提供人或物体做圆周运动的向心力是什么力呢？

分析物体的受力情况，物体受重力 mg、支持力 F_N 和静摩擦力 F_f，重力 mg 与支持力 F_N 平衡，提供物体做圆周运动的向心力为静摩擦力 F_f。人的受力情况与物体相似，也是静摩擦力提供人做圆周运动的向心力。

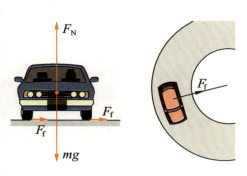

图 3.5.7 汽车转弯

汽车在弯道转弯，相当于汽车在做圆周运动，如图 3.5.7 所示。如果弯道路面是水平的，汽车受重力、支持力和静摩擦力，此时的向心力由车轮与路面之间的静摩擦力提供。

物体做匀速圆周运动时，所受合力提供**向心力**，合力的方向总是指向圆心。根据牛顿第二定律，物体运动的加速度方向与它所受合力的方向相同。因此，物体做匀速圆周运动时的加速度总是指向圆心，我们称之为**向心加速度**。

活动

测量向心力

准备一段尼龙线、圆珠笔杆、弹簧测力计、一小块橡皮。让尼龙线穿过圆珠笔杆，线的一端拴小块橡皮，另一端系在弹簧测力计上，弹簧测力计固定，如图 3.5.8 所示。握住笔杆，使橡皮平稳旋转，橡皮近似做匀速圆周运动。橡皮做匀速圆周运动的向心力可近似认为是尼龙线的拉力，从弹簧测力计上可读出尼龙线的拉力。当保持橡皮做圆周运动的半径不变时，加快旋转速度，观察弹簧测力计的示数变化。保持旋转速度不变，改变圆周半径，观察弹簧测力计的示数变化。

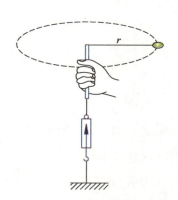

图 3.5.8 测量向心力的简易装置

实验表明,做匀速圆周运动的物体所需向心力的大小跟物体的质量 m、圆周半径 r 和角速度 ω 的平方成正比,即向心力的大小为

$$F = m\omega^2 r \tag{3.5.7}$$

将角速度和线速度的关系式 $v=r\omega$ 代入式(3.5.7),向心力的大小也可以表示为

$$F = m\frac{v^2}{r} \tag{3.5.8}$$

根据牛顿第二定律 $F=ma$,可知向心加速度的大小为

$$a = r\omega^2 \tag{3.5.9}$$

或

$$a = \frac{v^2}{r} \tag{3.5.10}$$

在匀速圆周运动中,由于 r、v 和 ω 的大小是不变的,所以向心加速度的大小不变,但向心加速度的方向始终指向圆心,方向一直在变化。因此,匀速圆周运动是变加速运动。

向心加速度和向心力的有关规律对非匀速圆周运动也同样适用。

例题

凸形路面是一种常见的路面,汽车在凸形路面上行驶时的运动可以看作圆周运动。一质量为 m 的汽车在桥上以速度 v 匀速行驶,桥面是半径为 R 的凸形路面,如图 3.5.9 所示。当汽车走到桥中央时,求汽车对桥的压力。

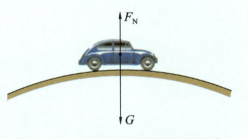

图 3.5.9 汽车在凸形路面上行驶

分析 以汽车作为研究对象,汽车在路面上行驶时汽车可看成质点模型,汽车在凸形路面上的运动可看成是圆周运动。汽车在最高点时竖直方向受重力和桥面的支持力,则重力和支持力的合力提供汽车做圆周运动的向心力,且合力方向竖直向下,指向凸形路面的圆心。通过向心力的公式可以求解出向心力的大小,根据牛顿第二定律可求解桥面对汽车的支持力,再根据牛顿第三定律可知汽车对桥面的压力。

解 向心力 $\qquad F = G - F_N$

重力 $\qquad G = mg$

根据向心力公式 $F = m\dfrac{v^2}{R}$,得

$$mg - F_N = m\frac{v^2}{R}$$

则凸形路面对汽车的支持力为

$$F_N = mg - m\frac{v^2}{R}$$

由牛顿第三定律可知，桥面对汽车的支持力在数值上等于汽车对桥面的压力 F_N'，则

$$F_N' = F_N = mg - m\frac{v^2}{R}$$

反思与拓展

由汽车对桥面的压力等于汽车的重力减去向心力，可知汽车对桥面的压力小于汽车的重力，而且汽车的速度越大，汽车对桥面的压力越小。我们乘坐汽车过凸形路面最高点时，如果速度过快，人就会有一种"上飘"的感觉。如果汽车路过的是凹形路面，如图 3.5.10 所示，其他条件不变，汽车走到凹形路面最低点时，求汽车对凹形路面的压力。

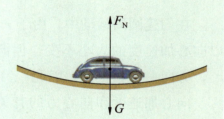

图 3.5.10　汽车在凹形路面上行驶

3.5.3　离心现象及其应用

我们乘公交车出行，当公交车转弯时，司机师傅会减慢速度，同时车上广播会提醒乘客拉好扶手，否则如果公交车转弯速度过大，乘客身体会向弯道的外侧倾倒，造成乘客摔倒受伤。这里蕴含着什么物理原理呢？人们常说车辆急转弯时往往会发生离心现象，那么什么是离心现象呢？

 活动

观察墨水旋风实验现象

首先制作一个陀螺，准备一块光滑、白色圆形厚纸板，用铁钉将纸板中心固定。然后，在纸板上不同位置滴几滴墨水。在墨水未干之前，轻轻旋转陀螺。当陀螺停止旋转时，墨水在纸板上留下移动的轨迹，墨水痕迹呈旋风状，如图 3.5.11 所示。

图 3.5.11　墨水旋风状的图案

为什么墨水在纸板上留下旋风状的图案？由于墨水与纸板之间存在着相互作用力，这种相互作用力提供墨水做圆周运动的向心力。当纸板旋转速度加快时，墨水需要的向心力也增加，当纸板与墨水之间的相互作用力不足以提供墨水做圆周运动所需要的向心力时，墨水就会做远离圆心的运动。陀螺速度越快，墨水离圆心越远。

我们知道做圆周运动的物体需要向心力，当其所受到的合外力小于物体做圆周运动所需要的向心力（$F_合 < m\omega^2 r$）或者合外力突然消失（$F_合 = 0$）时，就形成逐渐远离圆心的曲线或直线运动轨迹，如图 3.5.12 所示。物体做远离圆心的运动，称为**离心运动**，这种现象称为**离心现象**。

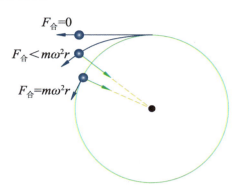

图 3.5.12 物体做圆周运动与离心运动的受力情况

如图 3.5.13 所示是洗衣机脱水示意图，洗衣机的内筒是甩干筒，筒的转轴通过传动带与电动机相连。将潮湿的衣服放入筒内后，启动电动机，甩干筒就会绕轴高速旋转，衣服中的水随着筒的旋转从桶壁的小孔中被甩出去，一会儿衣服上的水就基本上被甩没了。衣服中的水从筒壁小孔中被甩出去的现象就是离心现象。

图 3.5.13 洗衣机脱水示意图

汽车在转弯时所做的运动，可以看成是一种局部的圆周运动。在前面我们分析了在水平公路上行驶的汽车，其转弯所需向心力由车轮与路面之间的静摩擦力提供。汽车转弯时速度过大、雨天路滑、汽车质量过大等原因，都会使汽车所需向心力大于最大静摩擦力，如图 3.5.14 所示，汽车就会因为向外侧滑做离心运动而造成事故。因此，在公路弯道，车辆行驶速度不允许超过规定的速度。

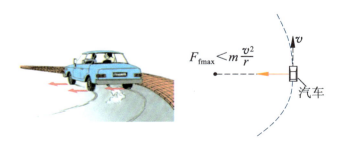

图 3.5.14 水平公路上汽车转弯示意图

随着我国高速公路网的建设，在高速公路转弯处，如何使汽车不必大幅减速而安全通过呢？利用弯道处"外高内低"

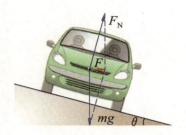

图 3.5.15 "外高内低"的公路设计示意图

的斜坡式设计,汽车转弯时依靠重力与支持力的合力获得向心力,如图 3.5.15 所示,可以使汽车以较高的速度安全通过弯道,这样设计既能节约燃料,又提高了道路的通行能力。

离心现象在人们的生产生活中有时也会产生危害,必须设法避免。如果公交车转弯速度过大,乘客的身体会向弯道的外侧倾倒。高速转动的砂轮、飞轮等都不得超过允许的最大转速,转速过高时,砂轮、飞轮内部分子间的相互作用力不足以提供所需向心力,离心现象会使它们破裂,酿成事故。

中国工程

中国载人航天

千百年来,我国从未停止对浩瀚宇宙的向往与探索。如今,经过三十多年的发展与建设,我国已经建成国家太空实验室"天宫"空间站。如图 3.5.16 所示是"神舟十六"号乘组返回地面前,由航天员手持高清相机通过飞船绕飞拍摄的空间站组合体。"天宫"空间站除了供宇航员们进行太空实验外,也是重要的太空科普教育基地,蕴含着得天独厚的丰富教育资源,对激发社

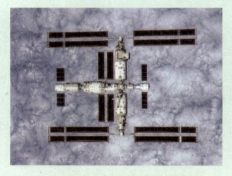

图 3.5.16 中国空间站组合体

会大众特别是青少年弘扬科学精神、热爱航天事业具有特殊优势。中国首个面向青少年太空科普教育品牌"天宫课堂"第一课在 2021 年 12 月 9 日正式开课。

航天员能顺利飞向太空,火箭成功发射是关键的第一步。火箭发射时向上的加速度很大,火箭底部所承受的压力要比静止时大得多。在火箭发射阶段,航天员要承受数倍于自身体重的压力。

航天员要想进入太空,必须完成体质训练、航天环境耐力与适应性训练等八大类上百个科目的训练。载人离心机训练的是航天员的超重耐力,为了模拟持续超重状态,航天员们进行的 8G 离心机训练,就是在短短的 40 s 时间内达到 8 倍重力加速度。在离心机上,航天员被固定在旋转体上,当旋转体快速旋转时,航天员会感受到离心力作用,在时速 100 km 旋转的离心机中,常人只能承受 3～4 倍的重力加速度,而航天员要承受 8 倍的重力加速度,相当于 8 个自己的重量压在身上,导致面部肌肉变形,呼吸异常困难,这些训练挑战生理与心理极限。要想成为一名优秀的航天员,可不是那么容易的,必须经历多种常人难以承受的训练。

物理与职业

运动装备设计师

运动装备可用于保护人们，或用作帮助人们进行运动的工具。因此，运动装备的设计除了需要兼具舒适性、时尚性外，还要考虑物理和人体工学的理论，以提升人们的运动体验。在产品设计前，运动装备设计师需要先对运动体位、运动域、运动频度、运动偏移方向等因素进行测量和分析，以适配不同的运动需求。

智能运动手表就是一种便捷的运动监测设备。如图3.5.17所示是智能运动手表监测运动员运动路线、心率、公里数等的数据图。除了智能运动手表外，还有很多其他的运动装备，如室内滑雪训练器、AR智能泳镜、3D打印运动鞋等新时代的健康工具，未来人们对科技化的运动装备的需求也将持续增加。

图3.5.17　智能运动手表监测数据图

运动装备设计师是专门从事运动装备设计的专业人员，他们负责设计和开发各种运动装备，如运动鞋、运动服装、运动配件等。运动装备设计师需要考虑运动装备的功能性、舒适性、安全性、耐用性和美观性等多个方面，以满足不同运动项目和不同运动员的需求。

要想成为一名运动装备设计师，需要了解运动装备的基本原理和设计要求，了解不同运动项目的特点和要求，以及人体工程学、材料科学等相关领域的知识，以便更好地设计符合要求的运动装备；要能熟练地使用设计软件，如AutoCAD、Adobe Photoshop、Illustrator等，进行效果图设计和制作；还需要随时关注市场趋势和消费者需求的变化，与不同的部门和客户进行沟通和协作，设计出与众不同的产品。

实践与练习

1. 在匀速圆周运动中，保持不变的物理量是（　　）
A. 速度　　　　B. 速率　　　　C. 角速度　　　　D. 周期

2. 对于做匀速圆周运动的两个物体，下列说法是否正确？试说明理由。
(1) 角速度大的物体，线速度也一定大；

(2) 周期大的物体，角速度也一定大。

3. 如图 3.5.18 所示，在匀速转动的水平圆盘边缘处放着一个质量为 0.1 kg 的小金属块，圆盘的半径为 20 cm，金属块和圆盘间的最大静摩擦力为 0.2 N。为了不使金属块从圆盘上掉下来，圆盘转动的最大角速度为多少？

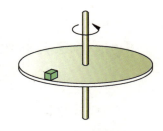

图 3.5.18 匀速转动圆盘上的金属块

4. "神舟十八号"飞船进入轨道后的运动可以简化为围绕地球的匀速圆周运动。飞船运行轨道的高度是 343 km（指距地面的高度），运行的周期约 90 min，飞船的质量是 7 790 kg，它围绕地球做匀速圆周运动时的向心加速度和向心力各是多大？（地球的半径是 6.37×10^3 km）

小结与评价

内容梳理

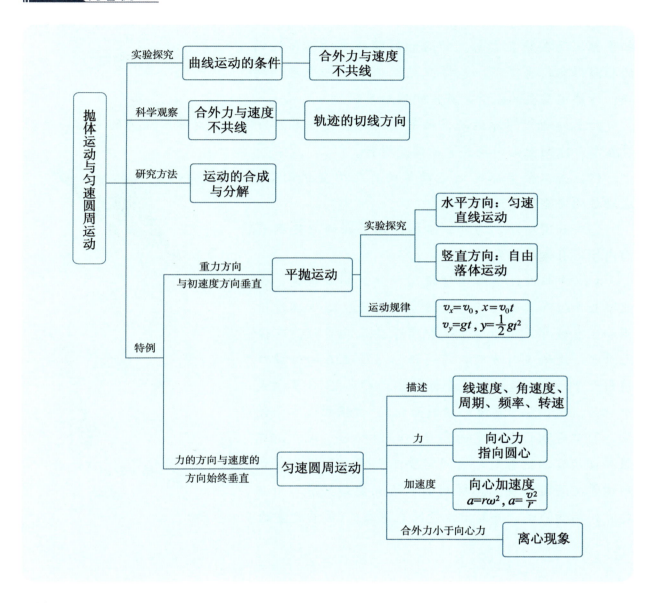

问题解决

1. 某卡车在限速 60 km/h 的公路上与路旁障碍物相撞。处理事故的警察在泥地中发现一个小的金属物体，可以判断，它是车顶上一个松脱的零件，事故发生时被抛出而陷在泥里。警察测得这个零件陷落点与事故发生时的原位置的水平距离为 17.3 m，车顶距泥地的高度为 2.45 m。请你根据这些数据判断该车是否超速。

2. 某同学设计了一个探究平抛运动特点的家庭实验装置，如图所示。在水平桌面上放置一个斜面，每次都让钢球从斜面上的同一位置滚下，滚过桌边后钢球做平抛运动。在钢球抛出后经过的地方水平放置一块木板（还有一个用来调节木板高度的支架，图中未画出），木板上放一张白纸，白纸上有复写纸，这样便能记录钢球在白纸上的落点。已知平抛运动在竖直方向上的运动规律与自由落体运动的相同，在此前提下，怎样探究钢球水平分速度的特点？请给出需要的器材，并说明实验步骤。

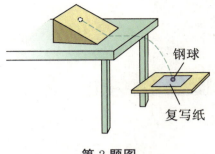

第 2 题图

3. 设冰面对滑冰运动员水平方向的最大作用力为运动员对冰面压力的 k 倍，运动员在水平冰面上沿半径为 r 的圆周滑行。

（1）若只依靠冰面对运动员的作用力提供向心力，运动员的安全速率为多少？

（2）如图所示，为什么滑冰运动员在转弯处都采取向内倾斜身体的方式滑行？

第 3 题图

4. 《中华人民共和国环境保护法》明确规定，企业事业单位和其他生产经营者应当防止、减少环境污染和生态破坏，对所造成的损害依法承担责任。环保人员在一次检查时发现，有一根排污管正在向外满口排出大量污水，设水的流量可用公式 $Q=vS$ 计算（式中 v 为流速，S 为水流的横截面积）。这根管道水平设置，管口离地面有一定的高度，如图所示。现在，环保人员只有一把卷尺，请问需要测出哪些数据就可估测该管道的排污量？怎样测出水的流量 Q？请写出需要直接测量的量，并写出流量的表达式。（用所测量的量来表示）

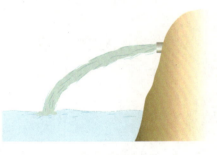

第 4 题图

第 4 章
万有引力与航天应用

　　从飞行器的发明到登月计划，千百年来，人类对宇宙的探索从未停止过。人类借助宇宙飞船，飞向万籁俱寂的茫茫太空，不仅登上了月球，还孜孜不倦地探索更遥远的星空。为什么宇宙飞船能升空？卫星为何能绕地球旋转？宇宙飞船、航天器为何能挣脱地球的束缚飞向月球？学习本章后，你将会找到答案。

主要内容

◎ 开普勒行星运动定律

◎ 万有引力定律

◎ 宇宙速度与航天应用

4.1 开普勒行星运动定律

人类自诞生之日起就对探索宇宙充满了渴望，经过漫长而曲折的研究过程，逐渐揭开了行星运动的神秘面纱。不同行星都在各自的轨道上绕太阳运行，这些行星是如何运动的呢？它们有着怎样的运动规律？

在古代，人类通过对天体运动的感性认知，建立了"地心说"的观点。"地心说"认为地球是静止不动的，地球是宇宙的中心，而太阳和月亮等其他星体都在绕地球运动。"地心说"比较符合人们的日常经验，这种观念经天文学家托勒密提出并发展完善后成为中世纪在欧洲占统治地位的宇宙观，统治人们的思想达一千多年之久。

16世纪，波兰天文学家哥白尼经过几十年对天体运动的观测与推算，发现如果太阳是宇宙的中心，地球和其他行星都围绕太阳运动，那么对行星运动的描述将变得更加简明清晰，于是他提出了"日心说"。"日心说"认为太阳是宇宙的中心，而地球和月亮等其他星体都在绕太阳运动。

无论是地心说还是日心说，古人都把天体的运动看得很神圣，认为天体的运动是最完美、最和谐的匀速圆周运动。果真如此吗？

德国天文学家开普勒支持哥白尼的"日心说"，他根据丹麦天文学家第谷对行星观测积累的资料，通过深入的研究和分析，最后发现行星运动的真实轨道不是圆而是椭圆。开普勒分别于1609年和1619年提出了关于行星运动的三大规律，后人称为开普勒行星运动定律。

开普勒第一定律：所有行星绕太阳运动的轨道都是椭圆，太阳处在椭圆的一个焦点上。

开普勒第一定律告诉我们：行星绕太阳运行的轨道严格来说

不是圆而是椭圆；太阳不在椭圆的中心，而是在其中一个焦点上，如图4.1.1所示；行星与太阳间的距离是不断变化的。

开普勒第二定律：对任意一个行星来说，它与太阳的连线在相等的时间内扫过的面积相等。

由开普勒第二定律可知，图4.1.2中两个阴影部分的面积相等，说明行星越接近太阳，运动越快；行星越远离太阳，运动越慢。

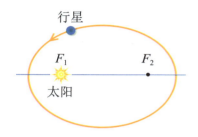

图4.1.1 开普勒第一定律示意图

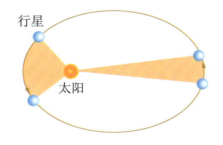

图4.1.2 开普勒第二定律示意图

例题

北京冬奥会于2022年2月4日晚开幕，晚会根据世界非物质文化遗产"二十四节气"进行倒计时活动，表现出冬去春来、欣欣向荣的诗意和浪漫。天文学将一年以春分、夏至、秋分、冬至为起点分为四季，如图4.1.3所示是地球公转轨道示意图。图中显示了春分、夏至、秋分、冬至时地球绕太阳运行的大致位置。由图4.1.3判断，地球在春分、夏至、秋分和冬至四天中哪一天绕太阳运动的速度最大？

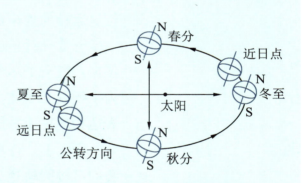

图4.1.3 地球公转轨道示意图

分析 由图4.1.3可知，冬至日地球在近日点附近，夏至日地球在远日点附近，由开普勒第二定律可知，冬至日地球绕太阳运动的速度最大，夏至日地球绕太阳运动的速度最小。

解 地球自转的同时，还围绕太阳自西向东公转，其公转轨道为接近正圆的椭圆，太阳位于其中一个焦点上。冬至日，地球位于近日点附近，它的公转速度最大；夏至日，地球位于远日点附近，它的公转速度最小。

反思与拓展

地球绕太阳运行时，对北半球的观察者而言，在冬天经过近日点，夏天经过远日点，由开普勒第二定律可知，地球在冬天比在夏天运动得快一些，因此地球轨道上相当于春、夏部分比秋、冬部分要长些。从题图看出春分到秋分的春、夏两季地球与太阳连线所扫过的面积比秋分到次年春分的秋、冬两季地球与太阳连线所扫过的面积大，即春、夏两季比秋、冬两季长一些。一年之内，春、夏两季有186天，而秋、冬两季只有179天左右。

开普勒第三定律：所有行星轨道的半长轴的三次方跟它的公转周期的二次方的比都相等。

若用 a 代表椭圆轨道的半长轴，T 代表公转周期，根据开普勒第三定律，其关系可以表示为

$$\frac{a^3}{T^2}=k \tag{4.1.1}$$

k 是一个与行星无关而与太阳有关的常量。开普勒关于行星运动的规律也适用于卫星绕行星的运动，只是 k 值不同。

开普勒行星运动定律为人们解决行星运动学问题提供了依据，澄清了多年来人们对天体运动神秘、模糊的认识，也为牛顿创立天体力学理论奠定了基础。开普勒是用数学公式表达物理定律并最早获得成功的学者之一。

实际上，行星的轨道与圆十分接近，在现阶段的学习中我们可按圆轨道处理。这样就可以说：行星绕太阳运动的轨道可近似为圆，太阳处在圆心；对某一行星来说，它绕太阳做圆周运动的角速度（或线速度）大小不变，即行星做匀速圆周运动；所有行星轨道半径 r 的三次方跟它的公转周期 T 的二次方的比值都相等，即

$$\frac{r^3}{T^2}=K \tag{4.1.2}$$

方法点拨

从物理概念和规律出发，根据物理知识和数学近似计算原理，对所求的物理量进行估算的方法称为近似处理法。近似处理法是研究物理问题的基本思想方法之一，具有广泛的应用。

拓展阅读

中国古代天文观测

我国是世界上最早观测和记录天体运动规律的国家之一。古人通过观测天象探索宇宙的奥秘，在这一过程中，人们积累了丰富的天文学知识，取得了很多重要的成就。

早在商代，人们就开始观测天象，并将其记录在甲骨文中。到了周代，天文观测已经成为一项重要的国家事业。春秋战国时期，鲁国的史官鲁班曾经编制了一份详细的天文观测表，记录了日月星辰的运行情况。三国时期陈卓所绘制的全天星官名数，一直是后世制作星图、浑象的标准。唐代，天文观测达到了一个高峰，还专门修建了天文观测台——大明宫观象台，用于观测天象。东汉末年《乾象历》第一次将月球运行的快慢变化引入历法。

在天文学和历法方面，祖冲之、僧一行和郭守敬三位科学家做出了杰出的贡献。他们极大地促进了中国历法的改革和发展。

中国古代天文学家还因天文观测需要，制作了许多天文仪器，主要包括日晷、仰仪、圭表、漏水转浑天仪等，如图 4.1.4 所示。这些仪器不仅具有高精度的观测功能，还融合了古代天文学、数学、工艺学、物理学等多学科的知识和技术，展现了中华文化的博大精深。

日晷　　　　仰仪

圭表　　　　漏水转浑天仪

图 4.1.4　中国古代天文仪器

实践与练习

1. 通过查阅相关资料，了解托勒密、哥白尼、第谷和开普勒等科学家的研究过程和研究成果，思考他们对天文学和社会发展产生了怎样的影响。

2. 关于开普勒行星运动定律的描述，下列说法正确的是（　　）

A. 所有行星轨道的半长轴的二次方跟它的公转周期的三次方的比都相等

B. 所有行星绕太阳运动的轨道都是圆，太阳处在圆心上

C. 所有行星绕太阳运动的轨道都是椭圆，太阳处在椭圆的一个焦点上

D. 行星绕太阳运动的速度大小不变

3. 图 4.1.5 中标出了行星的四个位置 a、b、c、d，根据开普勒行星运动定律，哪个位置行星的运动速度最大？（　　）

A. a

B. b

C. c

D. d

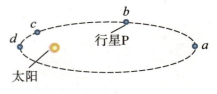

图 4.1.5 行星位置示意图

4. 火星和木星沿各自的椭圆轨道绕太阳运行，根据开普勒行星运动定律可知（　　）

A. 太阳位于木星运行轨道的一个焦点上

B. 火星和木星绕太阳运行速度的大小始终不变

C. 火星与木星公转周期之比等于它们轨道的半长轴之比

D. 相同时间内，火星与太阳连线扫过的面积等于木星与太阳连线扫过的面积

5. 如图 4.1.6 所示是火星冲日的年份示意图，请思考：

（1）观察图中地球轨道、火星轨道的位置，地球和火星的公转周期哪个更长？

（2）已知地球的公转周期是一年，由此计算火星的公转周期还需要知道哪些数据？

（3）地球、火星的轨道近似看成圆轨道后，开普勒第三定律还适用吗？

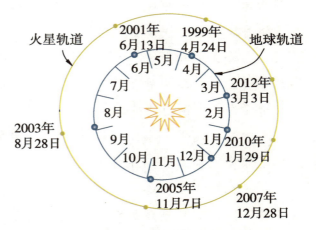

图 4.1.6 火星冲日的年份示意图

4.2 万有引力定律

在曲线运动中，我们学习了任何物体做圆周运动都必须有向心力的作用，天空中没有长长的链条，究竟是什么神秘的力量使遥远的星球不断改变运动方向，绕着太阳运动的呢？

4.2.1 万有引力定律

开普勒行星运动定律为科学家们进一步研究天体运动规律奠定了基础，但仍有不少问题需要解决。例如，开普勒行星运动定律描述了行星绕太阳运动的规律，但无法解释是什么原因使它们在各自的轨道上运动。牛顿认为，地球对苹果的引力、地球对月亮的引力与太阳对行星的作用力本质上都完全相同，而且无论天上、地上还是天地之间的任何两个物体之间都存在这种引力。牛顿把这种所有物体之间都存在的相互吸引力称为**万有引力**。

牛顿发现了万有引力，并推出万有引力定律。1687 年，他在《自然哲学的数学原理》一书中正式提出了万有引力定律：**自然界中任何两个物体都是相互吸引的，引力的方向沿两个物体的连线，引力的大小跟两个物体质量的乘积成正比，与这两个物体间距离的平方成反比。**

如图 4.2.1 所示，若用 m_1、m_2 分别表示两个物体的质量，r 表示两个物体间的距离，则万有引力定律可表示为

$$F = G \frac{m_1 m_2}{r^2} \qquad (4.2.1)$$

图 4.2.1 万有引力示意图

式中，质量的单位为千克（kg），距离的单位为米（m），力的单位为牛（N）；G 是比例系数，称为**引力常量**，适用于任何两个物体之间，在数值上等于两个质量都为 1 kg 的物体相

距 1 m 时相互吸引力的大小。根据 2014 年国际科学技术数据委员会的推荐值，通常取 $G=6.67\times10^{-11}$ N·m²/kg²。

式（4.2.1）中的距离 r 是指可以看成质点的两物体间的距离，若是质量均匀分布的球体，则是两个球心间的距离。

万有引力定律公式以其简洁的形式，把天体的运动和地面物体的运动纳入统一的力学理论之中，这是人类科学认识的一次重大综合与飞跃。同时，它让人们意识到天体的运动规律也是可以认识的，这对人们的思想解放起到了积极的作用，对后来的物理学和天文学的发展产生了深远的影响。

例题

已知太阳的质量约为 2.0×10^{30} kg，地球的质量约为 6.0×10^{24} kg，太阳和地球的平均距离约为 1.5×10^{11} m，太阳和地球间的万有引力有多大？

分析 已知太阳和地球的质量及它们之间的距离，根据万有引力定律可直接求解。

解 根据万有引力定律，太阳和地球间的万有引力为

$$F=G\frac{m_1m_2}{r^2}=6.67\times10^{-11}\times\frac{2.0\times10^{30}\times6.0\times10^{24}}{(1.5\times10^{11})^2}\ \text{N}\approx3.56\times10^{22}\ \text{N}$$

反思与拓展

由计算结果可知，天体之间虽然距离遥远，但相互间的万有引力是很大的，不可忽略。地球上的两个物体之间也有万有引力，可以计算一下两个人之间的万有引力有多大。这个力是否可以忽略呢？

4.2.2　万有引力定律在天文学上的应用

天体之间的相互作用力主要是万有引力，万有引力定律的发现对天文学的发展起到了巨大的推动作用。

▶ 天体质量的计算

1789 年，英国物理学家卡文迪许利用扭秤实验装置，第一次在实验室中比较精确地测出了引力常量。卡文迪许把他自己的实验说成是"称量"地球质量的实验（严格地说应是"测量"地球的质量）。如果不考虑地球自转，可以认为在地

面附近物体所受的重力等于万有引力，即

$$m_{物}g = G\frac{m_{物}m_{地}}{R^2}$$

式中，$m_{物}$ 为物体的质量，g 为重力加速度，$m_{地}$ 为地球的质量，R 为地球的半径。由此式可以估算地球的质量为

$$m_{地} = \frac{gR^2}{G} \qquad (4.2.2)$$

在卡文迪许测出引力常量之前，人们已经测得 g 和地球的半径 R，所以一旦测得引力常量 G，就可以通过式（4.2.2）算出地球的质量 $m_{地}$。

运用万有引力定律不仅可以"称量"地球的质量，还可以"称量"太阳的质量。如果已知某行星绕太阳运行的情况，由于其所需的向心力是由太阳对该行星的万有引力提供的，我们可以由此求出太阳的质量。

设太阳的质量为 $m_{太}$，某个行星的质量为 $m_{行}$，太阳与行星之间的距离为 r，行星公转的周期为 T，行星做匀速圆周运动所需的向心力为

$$F = m_{行}r\omega^2 = m_{行}r\left(\frac{2\pi}{T}\right)^2$$

行星运动的向心力是由万有引力提供的，所以

$$G\frac{m_{行}m_{太}}{r^2} = m_{行}r\left(\frac{2\pi}{T}\right)^2$$

由此解出太阳的质量为

$$m_{太} = \frac{4\pi^2 r^3}{GT^2} \qquad (4.2.3)$$

可见，只要测出行星的公转周期 T 以及它和太阳之间的距离 r，就可以计算出太阳的质量。

 活动

推算地球的质量

通过观测人造卫星的运动情况，也可推算地球的质量。1984 年 4 月 8 日，我国第一颗静止轨道同步通信卫星"东方红二号"发射成功，卫星运行在赤道上空约 35 786 km 的地球同步轨道上。根据"东方红二号"的有关数据，设计相应的测量方案，推算地球的质量，并与科学研究中使用的地球的质量相比较，分析存在误差的原因。

海王星的发现

目前科学家已确认太阳系有八大行星,按照行星距离太阳由近及远的顺序依次为水星、金星、地球、火星、木星、土星、天王星和海王星。它们在各自的椭圆轨道上绕太阳运转,其中水星、金星、火星、木星及土星都是人们用肉眼直接观察到的。

1781 年,人们第一次通过天文望远镜发现了一颗行星——天王星。天文学家在观察天王星时,发现它绕太阳运行的轨道与由万有引力定律计算出来的轨道并不吻合。于是,有些人开始怀疑万有引力定律的正确性。也有人运用万有引力定律预测,可能在天王星外还有一颗未知的大行星。

1845 年,英国大学生亚当斯计算出了这颗未知行星的轨道和质量,但未引起重视。几乎同时,法国天文爱好者勒维耶也计算出了这颗未知行星的位置。1846 年 9 月 23 日,德国天文学家伽勒在勒维耶预测的区域附近观察到了这颗神秘的行星——海王星。

海王星的发现是科学史上的奇迹,因为它是人们通过计算发现的。通过万有引力定律成功地预测未知的星体,不仅巩固了万有引力定律的地位,也充分展示了科学理论的预见性。

方法点拨

利用科学理论不仅能解释已知的现象,还能预测一些未知的事物和现象。例如,科学家运用万有引力定律成功预测了海王星的存在。后来在天文学领域,基于相对论,爱因斯坦又预言了一系列重要事件和现象。

预言彗星回归

在牛顿之前,彗星的出现被看作是一种神秘的现象。牛顿却断言,行星的运动规律同样适用于彗星。哈雷根据牛顿的理论,对 1682 年出现的大彗星(后来被命名为哈雷彗星)的轨道运动进行了计算,指出它与 1531 年、1607 年出现的彗星是同一颗彗星,并预言它将于 1758 年再次出现。

1743年，克雷洛计算了遥远的行星（木星和土星）对这颗彗星运动规律的影响，指出它将推迟于1759年4月经过近日点。这个预言后来得到了证实。1986年，哈雷彗星又一次临近了地球（图4.2.2），它的下次来访预计将在2062年。

图4.2.2　1986年观测到的哈雷彗星

 生活·物理·社会

潮汐现象

潮汐是发生在沿海地区的一种自然现象，是海水在月球和太阳等天体的吸引力作用下产生的周期性运动。如图4.2.3所示是夕阳下的潮汐。

由于万有引力，月亮对地球上的海水有着吸引力，这种力被人们称为引潮力。这些吸引力导致了海水的涨潮和落潮。习惯上把沿海面垂直方向的涨落称为潮汐，而海水在水平方向

图4.2.3　夕阳下的潮汐

的流动称为潮流。人类的祖先为了表示海水涨落的时刻，把发生在白天的海水涨落叫潮，发生在晚上的海水涨落叫汐，统称为潮汐，这是潮汐名称的由来。法国文学称潮汐为大海的"呼吸"。

由于地球表面各地与月亮的远近并不一样，这就导致了不同地区的海水受到月亮引潮力的大小不同。由于天体是不断运动的，各地的海水受到引潮力的大小在不断地变化，因此地球上的海水就出现了时涨、时落的潮汐现象。

除了月亮对海水的引潮力外，太阳对地球也有引潮力的影响。当月亮、地球和太阳形成直角时，月亮和太阳的引潮力会相互抵消一部分，这样海面的涨落差距就会变小，这就是小潮。当太阳、月亮和地球处在一条直线上时，月亮和太阳的引潮力会共同作用，此时引潮力很大，引起的就是大潮，尤其是在春分和秋分的时节。

潮汐影响着人们的生活，如军事、海上捕鱼、海水养殖、海洋工程等各类生产活动都受到潮汐的影响。为了掌握潮汐的规律，在我国的沿海地区分布着许多海洋站，随时记录潮汐的变化。潮汐当中蕴藏着巨大的能量，可以用来发电，但目前世界各国都尚未大规模开发潮汐电站。

实践与练习

1. 既然任何物体间都存在着引力，为什么当两个人靠近时，他们不会吸在一起？通常我们分析物体的受力时，是否需要考虑物体间的万有引力？请根据实际情况，应用合理的数据，通过计算说明上述问题。

2. 大麦哲伦星系和小麦哲伦星系是银河系的两个伴星系。已知大麦哲伦星系的质量为太阳质量的 10^{10} 倍，约 2.0×10^{40} kg，小麦哲伦星系的质量为太阳质量的 10^9 倍，两者相距 5×10^4 光年，求它们之间的万有引力。

3. 2013 年 12 月 14 日，"嫦娥三号"以近似为零的速度实现了月面软着陆。如图 4.2.4 所示为"嫦娥三号"的运行轨道示意图。

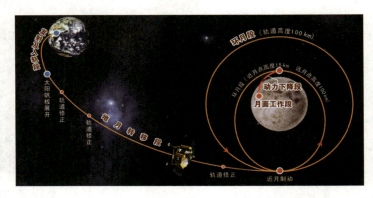

图 4.2.4　"嫦娥三号"的运行轨道示意图

"嫦娥三号"在下列位置中，受到月球引力最大的是（　　）

A. 太阳帆板展开的位置　　　　B. 月球表面上的着陆点

C. 环月椭圆轨道的近月点　　　D. 环月椭圆轨道的远月点

4. 查阅有关潮汐、潮汛的资料，了解太阳、月球对地球运动与潮汐形成的因果关系，思考月球对地球的引力有哪些影响。

4.3 宇宙速度与航天应用

从古代嫦娥奔月的传说，到如今我国"载人航天工程""探月工程"的有序开展，人类依据万有引力定律等科学理论发展起来的航天技术，实现了人类飞向太空的梦想。那么，人类挣脱地球引力的束缚，"上九天揽月"的壮举是怎样实现的呢？

4.3.1 宇宙速度

基于对抛体运动规律的认识，1687年，牛顿在《自然哲学的数学原理》一书中提出了"平抛石头"思想实验：如图4.3.1所示，设想从山顶水平抛出一石块，由于重力作用，石块会沿曲线落到地面，并且石块抛出的速度越大，飞行的距离越远。由此推想，当石块抛出的速度足够大时，它将像月球那样环绕着地球运动而不再落回地球，成为人造地球卫星。

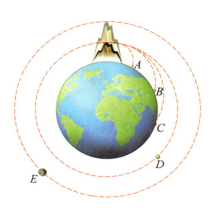

图 4.3.1 牛顿的设想

1895年，俄国宇航先驱齐奥尔科夫斯基率先提出了制造并发射人造地球卫星的设想。1957年，苏联将第一颗人造卫星送入环绕地球的轨道。时至今日，地球周围运行着成千上万颗人造卫星，它们在为地面上的人类提供通信、气象、侦察、导航等服务。

随着航天技术的发展，这个思想实验通过航天器变成了现实。若航天器环绕地球做匀速圆周运动，设地球的质量为M，航天器的质量为m、速度为v，航天器到地心的距离为r，地球对航天器的引力就是航天器做圆周运动所需的向心力，因此有

$$G\frac{mM}{r^2}=m\frac{v^2}{r}$$

解得
$$v=\sqrt{\frac{GM}{r}} \tag{4.3.1}$$

这就是航天器在不同轨道时的线速度表达式。由此可知，航天器环绕地球的半径越大，其线速度越小。

近地卫星（一般指在离地球 100～200 km 的高度飞行的卫星）到地心的距离 r 可近似等于地球的半径 R（6 400 km），地球的质量为 $5.98×10^{24}$ kg，由式（4.3.1）可得近地卫星的绕行速度为

$$v=\sqrt{\frac{GM}{R}}=\sqrt{\frac{6.67×10^{-11}×5.98×10^{24}}{6.4×10^{6}}}\ \text{m/s}≈7.9\ \text{km/s}$$

这就是物体在地球附近绕地球做匀速圆周运动的速度，称为**第一宇宙速度**，也称环绕速度。

如图 4.3.2 所示，由万有引力定律与匀速圆周运动的知识可知，卫星的线速度增大，地球对卫星的引力并不会增大。若引力不足以提供卫星做匀速圆周运动的向心力，卫星就会产生离心现象而远离地球。进一步的理论计算表明，当发射航天器的速度大于 7.9 km/s，而小于 11.2 km/s 时，航天器将沿环绕地球的椭圆轨道运动。当发射速度等于或大于 11.2 km/s 时，航天器就会挣脱地球的引力，不再绕地球运行，而是绕太阳运动或飞向其他行星。因此，我们把 11.2 km/s 称为**第二宇宙速度**，又称为脱离速度。

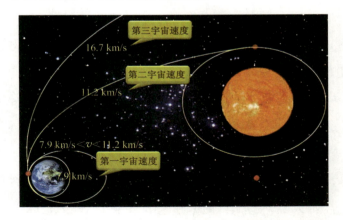

图 4.3.2 不同宇宙速度对应不同轨道的示意图

达到第二宇宙速度的航天器虽然脱离了地球引力的束缚，但还受到太阳引力的束缚。如果要使航天器挣脱太阳的引力飞出太阳系，其发射速度要等于或大于 16.7 km/s，这一速度称为**第三宇宙速度**，又称为逃逸速度。

> 例题

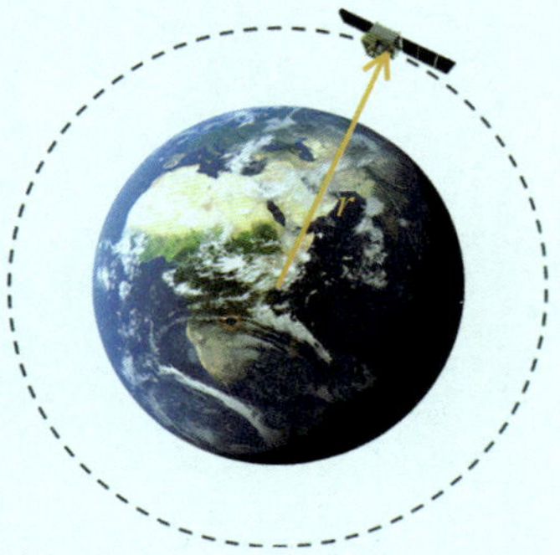

2016年8月16日，我国首颗量子科学实验卫星"墨子号"成功发射，在世界上首次实现了卫星和地面之间的量子通信。"墨子号"升空后围绕地球的运动可视为匀速圆周运动，离地面的高度为500 km，如图4.3.3所示。已知地球的质量为$5.98×10^{24}$ kg，地球的半径为$6.4×10^3$ km，求"墨子号"量子通信卫星运动的线速度大小和周期。

分析 卫星绕地球做匀速圆周运动，地球对卫星的万有引力提供向心力，可由向心力公式求解。

图4.3.3 "墨子号"绕地球做匀速圆周运动的示意图

解 由题意可知，"墨子号"距地面的高度$h=5.0×10^5$ m，地球的半径$R=6.4×10^6$ m，地球的质量$M=5.98×10^{24}$ kg。设m为"墨子号"的质量，r为地球球心到"墨子号"的距离。

由

$$G\frac{mM}{r^2}=m\frac{v^2}{r}$$

$$r=R+h$$

可得

$$v=\sqrt{\frac{GM}{R+h}}$$

$$=\sqrt{\frac{6.67×10^{-11}×5.98×10^{24}}{6.4×10^6+5.0×10^5}}\ \text{m/s}$$

$$\approx 7.6×10^3\ \text{m/s}$$

周期

$$T=\frac{2\pi(R+h)}{v}$$

$$=\frac{2×3.14×(6.4×10^6+5.0×10^5)}{7.6×10^3}\ \text{s}$$

$$\approx 5.7×10^3\ \text{s}$$

反思与拓展

飞行器从地球的发射速度与其在太空中的飞行速度不同。比如，地球同步卫星是相对地面静止的卫星，它的运行方向与地球的自转方向相同，运行轨道为位于地球赤道平面上的圆形轨道，运行周期与地球的自转周期相等。地球同步卫星与"墨子号"二者的飞行速度相比更小，但是把它发射到这个轨道上运行需要更大的发射速度才能抵消地球引力的影响。

4.3.2 航天应用

▶ 人造卫星

1957年10月4日,苏联发射了第一颗人造地球卫星,标志着人类进入了航天时代,展开了对太空的探索。1970年4月24日,我国第一颗人造地球卫星"东方红一号"发射成功,开创了我国航天史的新纪元。我国成为全世界第五个发射人造卫星的国家,我国的航天时代由此开启。科学家钱学森为我国航天事业做出特殊贡献,被誉为"中国航天之父"。

我国自主建设、独立运行的卫星导航系统——北斗卫星导航系统(图4.3.4),是为全球用户提供全天候、全天时、高精度的定位、导航和授时服务的国家重要空间基础设施。现已广泛应用于交通运输、气象预报、救灾减灾、水文监测等领域。

图4.3.4 北斗卫星导航系统示意图

北斗卫星导航系统由若干地球静止轨道卫星、倾斜地球同步轨道卫星和中圆地球轨道卫星组成,其中静止轨道卫星又称为同步卫星。地球同步卫星位于赤道上方高度约36 000 km处,这种卫星与地球以相同的角速度转动,周期与地球的自转周期相同,轨道平面与赤道平面重合,并且位于赤道上空一定的高度上。

▶ 中国人"飞天"梦的实现

"俱怀逸兴壮思飞,欲上青天揽明月。"自古以来,人类对神秘的宇宙就有无限的向往。

1992年9月,我国政府开始实施"载人航天工程",确定了三步走的发展战略:发展载人飞船;突破载人飞船和空间飞行器的交会对接技术;建造载人空间站。

2003年,我国首位航天员杨利伟搭载"神舟五号"载人飞船圆梦太空。

2008年,翟志刚搭载"神舟七号"飞船实现了我国航天史上的第一次"太空行走"。

2010年，我国正式开展空间站工程。2012年，三名航天员首次进入空间站。2016年，随着"天宫二号"空间实验室发射升空，空间站技术得到保障。2022年，"天宫"空间站（图4.3.5）全面建成，国家太空实验室正式运行。

> 深空探测

图4.3.5 "天宫"空间站

2023年5月29日，我国"载人月球探测工程"登月阶段任务启动实施，计划在2030年前实现中国人首次登陆月球。如图4.3.6所示为"嫦娥五号"探测器成功在月球正面着陆的照片。

此外，"火星探测工程"是我国首次开展的地外行星空间环境探测活动。2016年，我国火星探测任务正式立项。2020年，"天问一号"火星探测器发射升空，历时10个月，在火星表面软着陆，对火星的表面形貌、土壤特性、物质成分、水冰、大气、电离层、磁场等开展巡视探测，实现了我国深空探测领域的技术跨越。

图4.3.6 "嫦娥五号"探测器成功在月球正面着陆

我国在太空探索方面取得了许多令人瞩目的成就，展现了国家综合实力和科技创新能力的显著提升。随着我国科技的不断进步和国际合作的不断深化，相信我国在太空探索领域的成就将会更加丰硕，为人类太空探索事业的发展贡献更多的中国力量。

物理与职业

航空工程师

"科学家发现未知之事，工程师则是创造未有之物。"飞机的发明者莱特兄弟，就是第一个真正意义上被称为"航空工程师"的人。随着科技的不断发展，航空领域也在不断地进行革新和突破。除了载人飞机外，还有无人机、导弹、火箭等，这些都离不开航空工程师的努力。在航空器的设计、制造、使用和维修过程中，航空工程师们需要熟悉相关设计软件和工具，并具备飞机结构、力学、气动和控制系统等方面的知识。同时，他们还要与其他工程师和设计团队通力合作，确保设计与技术规范相符。

目前我国在航空航天领域已经取得了巨大的成就，随着我国航空工业的不断发展，对航空工程师的需求也与日俱增。成为一名航空工程师并不是一条容易的道路，如果你对这份职业充满好奇，不妨挑战一下吧！

 实践与练习

1. 2023 年 4 月 16 日，我国首颗低倾角轨道降水测量专用卫星——"风云三号 G 星"的成功发射，标志着我国同时运行"上午、下午、晨昏、倾斜"四类近地轨道气象卫星，成为世界上气象卫星体系最完备的国家。第 23 颗北斗导航卫星 G7 为相对地球静止的同步卫星（高度约为 36 000 km），它将使北斗卫星导航系统的可靠性进一步提高。关于卫星，下列说法正确的是（　　）

A. 这两颗卫星的运行速度均大于 7.9 km/s
B. 北斗导航卫星 G7 可能在西昌正上方做圆周运动
C. "风云三号 G 星"的周期比北斗导航卫星 G7 的周期小
D. "风云三号 G 星"的向心加速度比北斗导航卫星 G7 的向心加速度小

2. 人类为什么要发射人造卫星？为什么要探测月球、火星和其他星球？

3. 你在探索宇宙方面有哪些希望与梦想？

4. 查阅资料，了解我国在航天领域的发展历程和取得的成就，感悟航天精神，汲取奋进力量。

小结与评价

内容梳理

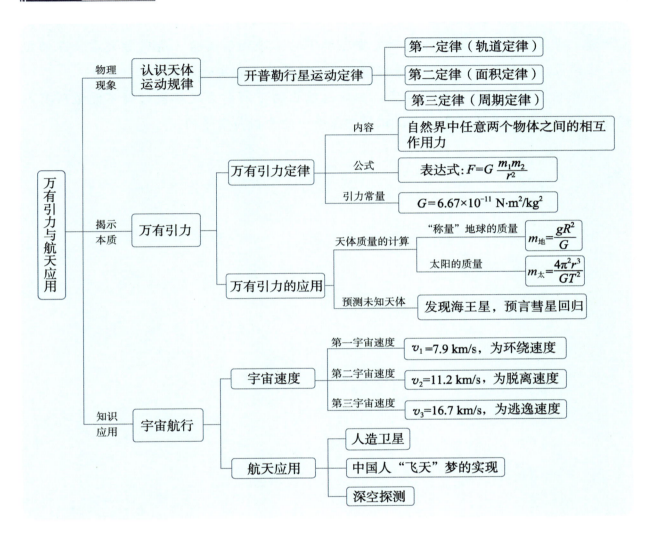

问题解决

1. 2023年2月，天文学家宣布发现了12颗新的木星卫星，使绕木星公转的卫星总数增加到92颗。如果要估算木星的质量，可以有多少种方案？你需要测量哪些物理量？请与同学讨论，尝试用这些物理量表示木星的质量。

2. 海边会发生潮汐现象，潮来时，水面升高；潮退时，水面降低。有人认为这是由于太阳对海水的引力变化以及月球对海水的引力变化所造成的。中午，太阳对海水的引力方向指向海平面上方；半夜，太阳对海水的引力方向指向海平面下方；拂晓和黄昏，太阳对海水的引力方向跟海平面平行。月球对海水的引力方向的变化也有类似情况。太阳、月球对某一区域海水引力的周期性变化，就引起了潮汐现象。

已知太阳的质量为 2.0×10^{30} kg，太阳与地球的距离为 1.5×10^8 km，月球的质量为 7.3×10^{22} kg，月球与地球的距离为 3.8×10^5 km，地球的质量为 6.0×10^{24} kg，地球的半径取 6.4×10^3 km。请你估算一下：对同一片海水来说，太阳对海水的引力、月球对海水的引力，分别是海水重力的几分之一。

3. 2013年6月20日，"神舟十号"航天员在"天宫一号"上开展了别开生面的太空授课，为我国青少年讲解并演示失重环境下的基础物理实验。请观看太空授课的视频，尝试设计一种在宇宙飞船上进行微重力失重条件下的实验方案。

4. 尽管牛顿是伟大的物理学家，但他总结出的万有引力定律当时却不能被所有人理解。请结合实例谈谈你是如何认识科学探索中的曲折与艰辛的。

第 5 章
功和能

公路上川流不息的车辆，工地上起重机不停地升降重物……我们周围的物体都在做着各种机械运动，它们在不断地做功。

变速自行车在较陡坡路向上骑行时，为什么将后齿轮半径调整得比前齿轮半径大就省力呢？翻滚的过山车为什么能冲上最高点又回到最低点？让我们一起进入本章的学习，探索机械运动中能量转化及遵循的规律吧！

主要内容

◎ 功　功率
◎ 动能　动能定理
◎ 重力势能　弹性势能
◎ 机械能守恒定律
◎ 学生实验：验证机械能守恒定律

5.1 功 功率

起重机竖直提起货物时，拉力对货物做的功等于力的大小乘以货物的位移大小。如果起重机提起货物平移一段位移，拉力对货物不做功。如果用力斜拉行李箱移动时，拉力的方向与位移的方向有一定的夹角，那么拉力对行李箱做的功应该怎样计算呢？

5.1.1 功

在物理学中，力和物体在力的方向上发生位移是做功的前提条件。

若作用在物体上的力 F 的方向与物体的位移 s 的方向相同（图 5.1.1），则力对物体做的功为 $W=Fs$。

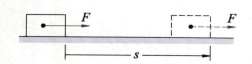

图 5.1.1 力的方向与位移的方向一致

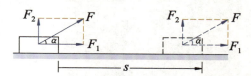

图 5.1.2 力的方向与位移的方向之间的夹角为 α

如果物体的位移方向和力的方向不一致，那么力做的功又如何计算呢？

我们可以把力 F 进行正交分解，分解成跟位移方向平行和跟位移方向垂直的两个分力。图 5.1.2 中，$F_1 = F\cos\alpha$，与位移方向相同，对物体做功；$F_2 = F\sin\alpha$，与位移方向垂直，对物体不做功。所以力 F 对物体所做的功为 $W = F_1 s = Fs\cos\alpha$。式中，F、s 是力和位移的大小，α 是力的方向和位移的方向之间的夹角。

力对物体所做的功等于力的大小、位移的大小、力和位移间夹角的余弦三者的乘积，即

$$W = Fs\cos\alpha \qquad (5.1.1)$$

在国际单位制中，功的单位是焦耳，简称焦（J）。1 J 等

于 1 N 的力使物体在力的方向上发生 1 m 的位移时所做的功，即 1 J＝1 N×1 m＝1 N·m。

式（5.1.1）只适用于大小和方向均不变的恒力做功。

功是标量，只有大小，没有方向，其运算遵循代数运算法则。

根据 $W=Fs\cos\alpha$，功的大小不仅与力的大小、位移的大小有关，还与力的方向和位移的方向的夹角 α 有关。当力与位移成不同角度时，力做功的情况如何呢？

当 $0°\leqslant\alpha<90°$ 时，$\cos\alpha>0$，所以 $W>0$，力对物体做正功，说明力对物体的运动起促进作用（图 5.1.3）。

图 5.1.3　力 F 对物体做正功

当 $\alpha=90°$ 时，$\cos\alpha=0$，所以 $W=0$，力对物体不做功（图 5.1.4）。

当 $90°<\alpha\leqslant180°$ 时，$\cos\alpha<0$，所以 $W<0$，力对物体做负功，说明力对物体的运动起阻碍作用。例如，图 5.1.5 中重力 G 做负功。

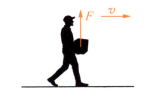

图 5.1.4　力 F 对物体不做功

一个力对物体做负功，也可以表述为物体克服这个力做了功，这两种说法在意义上是等同的。比如，竖直向上抛出的球，如图 5.1.5 所示，在球向上运动的过程中，若重力对球做了－6 J 的功，也可以说，球克服重力做了 6 J 的功。

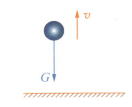

图 5.1.5　重力 G 对物体做负功

如果公式 $W=Fs\cos\alpha$ 中力 F 是几个力的合力，那么公式中的 α 就是合力的方向与物体的位移方向之间的夹角，W 就是合力做的功，我们称之为总功。通过分析可以证明，总功等于各个分力做功的代数和，即总功 $W_总=W_1+W_2+W_3+\cdots$。

例 1

某人推着质量为 13 kg 的重物上陡坡，如图 5.1.6 所示。已知陡坡的倾角为 30°，长度为 100 m，此人所用的推力为 100 N，方向平行于陡坡，阻力为 10 N。此人将重物从坡底推到坡顶的过程中，问：

（1）此人对重物做的功是多少？
（2）重力对重物做的功是多少？
（3）重物克服阻力做了多少功？
（4）总功是多少？（已知 cos 120°＝－0.5）

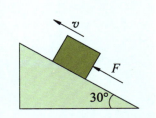

图 5.1.6　重物上陡坡

分析 根据功的计算公式 $W=Fs\cos\alpha$ 求各力做的功。作出重物的受力分析图，如图 5.1.7 所示。找出每个力和位移之间的夹角，明确已知量和未知量。已知 $m=13$ kg，$\beta=30°$，$F=100$ N，$s=100$ m，$F_f=10$ N，求 W_F、W_G、W_{F_f} 和 $W_总$。

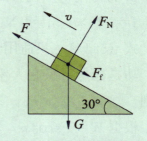

图 5.1.7 重物的受力分析图

解 （1）此人对重物做的功为
$$W_F=Fs=100\times100 \text{ J}=1.0\times10^4 \text{ J}$$

（2）重力对重物做的功为
$$W_G=mgs\cos(\beta+90°)=13\times10\times100\times\cos120° \text{ J}=-6.5\times10^3 \text{ J}$$

（3）阻力对重物做的功为
$$W_{F_f}=F_fs\cos180°=-10\times100 \text{ J}=-1.0\times10^3 \text{ J}$$

所以，在这个过程中重物克服阻力做的功为 1.0×10^3 J。

（4）因为支持力不做功，所以 $W_{F_N}=0$。所有力做功的代数和为总功，即
$$W_总=W_F+W_G+W_{F_f}+W_{F_N}=[1.0\times10^4+(-6.5\times10^3)+\\(-1.0\times10^3)] \text{ J}=2.5\times10^3 \text{ J}$$

反思与拓展

如果这道题先求出这几个力的合力，然后求合力做的功，结果会怎么样？你不妨试一试。

5.1.2 功率

一个人要把一捆书从地面搬到书架上，不管是在 2 s 内将整捆书一下子举起来放上去，还是花 20 min 将书一本一本地捡起来，全部放到书架上，他所做的功都是相同的，但是他做功的快慢不同。

我们用功率来反映力做功的快慢。**功率等于功与做功所消耗时间的比值**，可用以下公式表示：

$$P=\frac{W}{t} \tag{5.1.2}$$

在国际单位制中，功率的单位是瓦特，简称瓦（W）。瓦是很小的单位。例如，一杯水大约重 2 N，你把它举高 0.5 m 到你的嘴边，你做了 1 J 的功，如果你所用的时间为 1 s，那

么你的功率就是 1 W。

生产生活中，功率通常还以千瓦（kW）为单位，1 kW＝1 000 W。

例2

如图 5.1.8 所示，一台电动机以大小为 1.2×10^4 N 的向上的拉力，在 15 s 内将一部电梯升高了 9 m，电动机的功率是多少千瓦？

分析 电动机的功率就是拉力对电梯做功的功率。电梯受竖直向上的拉力，电梯的位移方向也是竖直向上的。已知 $s=9$ m，$t=15$ s，$F=1.2\times10^4$ N，求 P。

解 拉力对电梯做的功为

$$W=Fs=1.2\times10^4\times9\ \text{J}=1.08\times10^5\ \text{J}$$

电动机的功率为

$$P=\frac{W}{t}=\frac{1.08\times10^5}{15}\ \text{W}=7.2\times10^3\ \text{W}=7.2\ \text{kW}$$

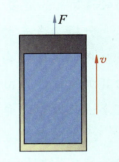

图 5.1.8 电梯上升

反思与拓展

在电梯升高 9 m 的过程中，还有什么力做了功？如何求这个力所做的功？这个力做功的功率又是多大？

在初中物理中，我们学习过以白炽灯为代表的用电器的额定功率。电动机、内燃机等动力机械上都标有额定功率，这是其在正常条件下可以长时间工作的功率，其实际输出功率往往小于额定功率。

当物体在力 F 的作用下，在 t 时间内发生位移 s，且力的方向和位移的方向相同时，该力所做的功为 $W=Fs$。联立 $P=\dfrac{W}{t}$ 和 $W=Fs$ 可得 $P=\dfrac{Fs}{t}=Fv$。所以，力做功的功率与速度的关系为

$$P=Fv \qquad (5.1.3)$$

当物体做变速直线运动时，若式（5.1.3）中的 v 是物体在时间 t 内的平均速度，则 P 表示力 F 在这段时间内的**平均功率**；若 v 是某一时刻的瞬时速度，则 P 表示力 F 在这一时刻的**瞬时功率**。

例3

一辆质量为4 t的汽车，从静止出发沿平直公路行驶。已知汽车所受阻力不变，为$4×10^3$ N。

（1）汽车启动的前10 s内，牵引力恒定为$8×10^3$ N，求牵引力第5 s末的瞬时功率；

（2）已知汽车的额定功率为80 kW，如果以额定功率输出，汽车能达到的最大行驶速度v_m是多少？

分析 汽车的受力分析图如图5.1.9所示。在前10 s内，汽车做匀加速直线运动，根据受力情况可求出其加速度，再由运动学公式得到第5 s末的速度，就可求出此时牵引力的功率。

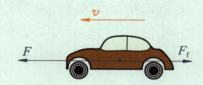

图5.1.9 汽车的受力分析图

汽车以额定功率行驶，根据功率与力、速度之间的关系式$P=Fv$，可知：当汽车的速度v较小时，牵引力F大于阻力F_f，汽车加速；当汽车的速度变大时，牵引力F变小；当牵引力F与阻力F_f相等时，汽车达到最大行驶速度v_m。

解 （1）汽车在前5 s内做匀加速直线运动，根据牛顿第二定律，可知其加速度为

$$a=\frac{F-F_f}{m}=\frac{8×10^3-4×10^3}{4×10^3} \text{ m/s}^2=1 \text{ m/s}^2$$

汽车的初速度$v_0=0$，第5 s末的速度为

$$v=at=1×5 \text{ m/s}=5 \text{ m/s}$$

则 $P_1=Fv=8×10^3×5 \text{ W}=4×10^4 \text{ W}$

（2）当汽车在额定功率下行驶且牵引力最小，即牵引力等于阻力时，汽车达到最大行驶速度，所以最大行驶速度为

$$v_m=\frac{P_{额}}{F_f}=\frac{8×10^4}{4×10^3} \text{ m/s}=20 \text{ m/s}$$

反思与拓展

在本题中讨论汽车加速行驶时，假定了汽车在10 s内所受的牵引力是不变的，阻力也不变。在实际情况中，汽车的输出功率会变化，所受的阻力也会随着速度的增大而增大。但在输出功率一定的情况下，汽车受到的牵引力等于阻力时，其速度最大，最大速度$v_m=\frac{P_{额}}{F_f}$。

生活·物理·社会

汽车爬坡为什么要减速？

手动挡汽车在爬坡时，一般都需要切换到低速挡，而在高速公路上飞驰时需要挂高速挡。这是为什么呢？

汽车发动机的最大输出功率是一定的，根据 $P=Fv$，可知汽车的运行速度 v 与汽车的牵引力 F 成反比。所以，当汽车上坡需要较大的牵引力时，司机要用"换低挡"的方法降低速度，换取较大的牵引力。而在平直公路上，汽车受到的阻力较小，需要的牵引力也较小，这时就可以使用高速挡，使汽车获得较高的速度。

司机换挡改变汽车的速度是通过变速器来实现的。变速器（又称变速箱）是一种改变汽车运转速度的装置。汽车发动机的动力通过变速箱中的齿轮传递到车轮，转速比可以通过变速杆来改变。如图 5.1.10 所示是手动挡汽车的变速杆，它连接的手动变速箱主要由齿轮和轴组成，通过不同的齿轮组合实现变速。1 挡适用于车辆起步和低速爬坡；2 挡一般用于车辆刚起步顺延换挡或者转弯减速；3 挡对应的速度为 20～40 km/h；4 挡对应的速度为 40～60 km/h；5 挡对应的速度为 60 km/h 以上。

图 5.1.10 手动挡汽车的变速杆

中国工程

走向世界的中国高铁

近年来，高速铁路发展迅猛，逐渐影响着人们的出行方式。截至 2023 年年底，我国高速铁路运营里程达 4.5 万千米，稳居世界第一。2012 年到 2022 年间，我国"四纵四横"高速铁路主骨架全面建成，"八纵八横"高速铁路主通道和普速干线铁路加快建设，川藏铁路全线开工，重点区域城际铁路快速推进，老少边及脱贫地区铁路建设加力提速，基本形成布局合理、覆盖广泛、层次分明、配置高效的铁路网络。"复兴号"实现对 31 个省区市的全覆盖，超七成旅客选择乘动车组出行。

我国已经全面掌握构造速度 200～250 km/h、300～350 km/h、350～380 km/h 动车组制造技术，构建涵盖不同速度等级、成熟完备的高铁技术体系。目前，我国铁路客运周转量、货物发送量、货运周转量以及运输密度均居世界首位。高铁成为一张响亮的"中国名片"。

2023年1月20日，据中国铁路发布，新型CR200J复兴号出了"高原版"（图5.1.11）。这种"高原版"复兴号结合现有高原双源电力机车研制，专门适应高海拔、多隧道、大坡道环境特点。动力方面更强，功率从常规版的5 600 kW提高到7 200 kW，确保动车能在坡度（坡面的垂直高度 h 和水平距离 l 的比）30‰的上坡道轻松起步。

图5.1.11 "高原版"复兴号CR200J

实践与练习

1. 如图5.1.12所示，物体在力 F 的作用下在水平面上发生一段位移 s，试分别计算在这三种情况下力 F 对物体所做的功。设在这三种情况下力 F、位移 s 的大小都相同：$F=10$ N，$s=2$ m，角 θ 的大小分别为 120°、30°、60°。

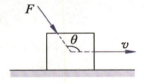 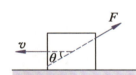 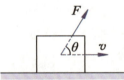

图5.1.12 物体在力 F 的作用下发生一段位移

2. 一个质量 $m=1$ kg 的物体受到与水平方向成 37°角斜向上的拉力 $F=10$ N，在水平地面上移动的距离 $s=2$ m，如图5.1.13所示，物体与地面间的滑动摩擦力大小是 $F_f=4.2$ N，求外力对物体做的总功。（cos 37°=0.8）

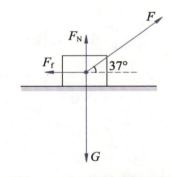

图5.1.13 物体在斜向上力的作用下发生一段位移

3. 2023年10月5日，杭州第19届亚运会举重男子96公斤级决赛中，我国选手田涛在这场比赛中展现了出色的实力和拼搏精神，夺得了该项目的金牌。假设田涛在举起180 kg的杠铃时，用时0.8 s，杠铃被举高2.0 m，则田涛在举重过程中对杠铃做了多少功？功率是多少？

4. 某汽车发动机的额定功率是 6.0×10^4 W，在水平路面上行驶时受到的阻力是 1.8×10^3 N。

（1）发动机在额定功率工作时，汽车匀速行驶的速度是多少？

（2）在同样的阻力下，如果汽车匀速行驶的速度只有 54 km/h，发动机输出的实际功率是多少？

5.2 动能 动能定理

功和能是两个密切联系的物理量。一个物体能够对其他物体做功,我们就说这个物体的能量发生了变化。功是能量变化的量度。水碾是利用水的动能做功的农业机械,当水冲击下部水轮时,转动的轮子会带动上部的石碾来碾米。那么物体的动能与哪些因素有关?动能与做功有什么关系呢?

5.2.1 动能

物体由于运动而具有的能量称为**动能**,动能的大小与物体的质量和运动速度有关。在物理学中,物体的动能 E_k 可表示为

$$E_k = \frac{1}{2}mv^2 \quad (5.2.1)$$

式中,m 是物体的质量,v 是物体的速度。动能是标量,它的单位与功的单位相同,在国际单位制中都是焦耳,简称焦(J)。

1 J = 1 kg·m²/s² = 1 kg·m/s²·m = 1 N·m

例1

一个质量为 7.8 g 的子弹,以 800 m/s 的速度飞行;一个质量为 60 kg 的人,以 3 m/s 的速度奔跑。飞行的子弹、奔跑的人哪个动能大?

分析 已知子弹的质量 $m_1 = 7.8$ g $= 7.8 \times 10^{-3}$ kg,速度 $v_1 = 800$ m/s,人的质量 $m_2 = 60$ kg,速度 $v_2 = 3$ m/s,根据动能的计算公式 $E_k = \frac{1}{2}mv^2$,求两者的动能 E_k。

解 由动能的计算公式得,子弹的动能为

$$E_{k1} = \frac{1}{2}m_1v_1^2 = \frac{1}{2} \times 7.8 \times 10^{-3} \times 800^2 \text{ J} \approx 2.5 \times 10^3 \text{ J}$$

人的动能为
$$E_{k2}=\frac{1}{2}m_2v_2^2=\frac{1}{2}\times 60\times 3^2 \text{ J}=2.7\times 10^2 \text{ J}$$

由计算结果可知，子弹的动能比人的动能大得多。

反思与拓展

由动能的计算公式 $E_k=\frac{1}{2}mv^2$ 可以发现，动能的大小与物体的运动速度的大小关系紧密，且与速度的方向无关。动能是标量，只有正值，没有负值。

5.2.2　动能定理

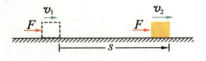

图 5.2.1　物体在恒力作用下速度变化的示意图

如图 5.2.1 所示，设质量为 m 的物体在合外力 F 的作用下发生了一段位移 s，速度由 v_1 增大到 v_2，在这一过程中，合力 F 所做的功为
$$W=Fs$$
根据牛顿第二定律，有
$$F=ma$$
由运动学公式，有
$$s=\frac{v_2^2-v_1^2}{2a}$$
合力 F 所做的功可表示为
$$Fs=\frac{1}{2}mv_2^2-\frac{1}{2}mv_1^2$$
即
$$W=\frac{1}{2}mv_2^2-\frac{1}{2}mv_1^2 \quad (5.2.2)$$

从式（5.2.2）可以看出：左边是合外力所做的功，即总功，右边的 $\frac{1}{2}mv_2^2$ 为物体的末动能 E_{k2}，$\frac{1}{2}mv_1^2$ 为物体的初动能 E_{k1}，即
$$W=E_{k2}-E_{k1} \quad (5.2.3)$$

这表明：**合外力所做的功即总功等于物体动能的增量，这个结论称为动能定理**。当合外力对物体做正功时，物体的动能增加；当合外力对物体做负功时，物体的动能减少；当

信息快递

动能定理是在物体受恒力作用且做直线运动的情况下得到的，若物体受到的是变力或物体做曲线运动，动能定理还是成立的。

合外力为零或合外力对物体不做功时，物体的动能不变。

> **方法点拨**
>
> 演绎推理是从一般性结论推出新结论的方法，即从已知的某些一般原理、定理、法则、公理或科学概念出发，推出新结论的一种思维方法。动能定理就是采用演绎推理的方法得到的。

例2

某客机的质量约为 60 t，着陆时的速度约为 75 m/s，当它在跑道上滑行了 2 100 m 后，速度降至 5 m/s（图 5.2.2），求：

（1）飞机动能的改变量；

（2）飞机滑行过程中所受的平均阻力。

图 5.2.2 着陆的客机

分析 计算客机的初动能、末动能，得到客机动能的改变量为负值，说明动能减少了。客机在跑道上滑行的过程中受阻力作用，阻力做负功，根据动能定理，列式求解平均阻力的大小。

解 （1）飞机动能的改变量为

$$\Delta E_k = E_{k2} - E_{k1} = \frac{1}{2}mv_2^2 - \frac{1}{2}mv_1^2$$

$$= \left(\frac{1}{2} \times 6.0 \times 10^4 \times 5^2 - \frac{1}{2} \times 6.0 \times 10^4 \times 75^2\right) \text{ J}$$

$$= -1.68 \times 10^8 \text{ J}$$

负号说明飞机在滑行过程中动能减少了 1.68×10^8 J。

（2）由动能定理可得 $-F_f s = \Delta E_k$，所以飞机所受的平均阻力为

$$F_f = -\frac{\Delta E_k}{s} = -\frac{-1.68 \times 10^8}{2\ 100} \text{ N} = 8 \times 10^4 \text{ N}$$

反思与拓展

运用动能定理解题时，首先要分析物体的受力情况，然后列出各力所做的功，明确物体的初动能和末动能，最后由动能定理列式求解。动能定理不涉及物体运动过程中的加速度和时间，因此运用动能定理解题非常简便。

中国工程

氢氧发动机——长征五号火箭动力源

长征五号火箭是我国第一种芯级直径达到 5 m 的运载火箭，长 56.97 m，最大起飞质量达 879 t，起飞推力为 10 524 kN，是长征一号火箭的 10 倍。因其胖嘟嘟的体态，被称为"胖五"（图 5.2.3），它于 2016 年 11 月 3 日在中国文昌航天发射场首飞成功。

2020 年 5 月，长征五号 B 运载火箭首飞成功，拉开了空间站阶段飞行任务的序幕。长征五号 B 运载火箭主要承担空间站核心舱和实验舱等舱段发射任务，是我国目前近地轨道运载能力最大的火箭。目前世界上最重的通信卫星（我国的实践二十号，质量达 8 t），就是由"胖五"送入轨道的。

图 5.2.3　长征五号火箭

那么，是什么为长征五号运载火箭提供这么强的动力呢？

长征五号与美国德尔塔、欧洲阿里安、俄罗斯质子号等火箭并驾齐驱，而这强劲的"底气"来自装配在 4 个助推器上的 8 台 120 吨级液氧煤油发动机和安装在火箭芯级上的 2 台 50 吨级氢氧发动机。氢氧发动机具备的高比冲特点，使火箭能够以较少的燃料获得较大的推力，对于提高火箭的运载能力具有至关重要的作用。正是氢氧发动机发挥的巨大作用，使长征五号 B 运载火箭的近地轨道运载能力大于 22 t，堪称火箭中的"大力士"。而且氢氧发动机的燃烧产物清洁，燃烧稳定，这也是火箭先进性的重要体现。氢氧发动机在中国空间站建造阶段发挥了重要作用，也将继续为运载火箭的顺利发射提供推动力。

 实践与练习

1. 一个质量为 7.26 kg 的铅球抛入空中时所具有的动能，比以同样速率运动的质量为 0.6 kg 的篮球所具有的动能要大得多，为什么？当汽车以 20 m/s 的速度行驶时，它的动能是它以 10 m/s 的速度行驶时动能的几倍？

2. 冰球运动是以冰刀和冰球杆为工具，在冰上进行的一种相互对抗的集体性竞技运动（图 5.2.4）。一个质量为 105 g 的冰球划过冰面，运动员对球在 0.15 m 距离内施以

图 5.2.4　冰球运动

4.5 N 的恒力。这名运动员对冰球做了多少功？冰球的能量改变了多少？

3. 工程上为了确保地基的密实，常用强夯机夯实地基，如图 5.2.5 所示。在一次作业中，质量为 5 t 的夯锤从 20 m 高处自由落下，将地面砸出一个深 0.4 m 的坑。尝试用动能定理计算（不考虑空气阻力）：

（1）夯锤刚好落到地面时的速度；

（2）夯锤受到地基的平均阻力。

图 5.2.5 强夯机

4. C919 客机是我国首款按照最新国际适航标准研制的干线民用飞机。某型号的 C919 客机最大起飞质量为 $7.25×10^4$ kg，起飞时先从静止开始滑行，当滑行 1 200 m 时，起飞速度达到 288 km/h。在此过程中如果飞机受到的阻力是飞机重力的 0.02 倍，求此过程中飞机发动机的牵引力所做的功 W。（取 $g=10$ m/s²）

5.3 重力势能　弹性势能

撑杆跳高是一项运动员经过持杆助跑，借助撑杆的支撑腾空，在完成一系列复杂的动作后越过横杆的运动。在撑杆过程中，杆的弹力将运动员送上高处。由于杆发生了弯曲产生弹性形变，该形变蓄积着一定的能量，这种能量是什么能量？具有什么特点？运动员和杆在完成动作过程中的能量是怎么转化的？

5.3.1　重力势能

物体因为处于一定的高度而具有的能量称为**重力势能**。例如，高处的石头、打桩时被举高的重锤、水电站储存的水等都具有重力势能。

物体重力势能的大小与哪些因素有关呢？

活动

探究影响小球重力势能大小的因素

如图 5.3.1 所示，准备两个大小相同、质量不同的光滑小球，在一盆中放入适量细沙。在沙盆上方同一高度由静止释放两小球，小球落入细沙后小球陷入细沙中的深度是否相同？质量大的小球是否陷得更深？

让同一个小球分别从不同的高度由静止落下，观察小球陷入细沙中的深度有什么不同？是否释放位置越高，小球陷得越深？对比以上两种现象，你能得出什么结论？

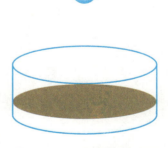

图 5.3.1　小球落入沙盆

由以上实验可知，由于物体受到重力从而使物体具有从高处下落做功的本领。此时物体在高处所具备的能量称为重力势能。物体的质量 m 越大，所处的高度 h 越高，重力势能

越大。在物理学中，物体的重力势能 E_p 可表示为

$$E_p = mgh \tag{5.3.1}$$

重力势能是标量。在国际单位制中重力势能的单位是焦，符号为 J。

高度 h 是一个相对量，所以重力势能也是一个相对量，即重力势能具有相对性。物理学中将重力势能为零的参考平面称为**零势能面**，式（5.3.1）中的 h 就是物体相对零势能面的高度。要确定物体在某个位置的重力势能，必须选定一个零势能面，高于零势能面的物体，重力势能为正；低于零势能面的物体，重力势能为负。零势能面的选择是任意的，可以根据研究问题的方便来定，通常选地面为零势能面。

5.3.2 重力做功与重力势能的关系

如图 5.3.2 所示，质量为 m 的物体分别沿 ABD、ACD、AD 三条不同的路径，从高度为 h_1 的 A 点运动到高度为 h_2 的 D 点，重力做的功分别为

$$W_{ABD} = mg\Delta h = mgh_1 - mgh_2$$
$$W_{ACD} = mg\Delta h = mgh_1 - mgh_2$$
$$W_{AD} = mgs\cos\alpha = mg\Delta h = mgh_1 - mgh_2$$

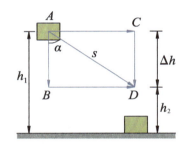

图 5.3.2 物体沿不同路径运动

所以，重力做的功为

$$W_G = mg\Delta h = mgh_1 - mgh_2 \tag{5.3.2}$$

可以看出，**重力做的功与它经过的具体路径无关，只与始末位置有关**。式（5.3.2）中，mgh_1 表示物体在初位置时的重力势能 E_{p1}，mgh_2 表示物体在末位置时的重力势能 E_{p2}。所以，重力做功与重力势能改变量的关系为

$$W_G = E_{p1} - E_{p2} = -\Delta E_p \tag{5.3.3}$$

重力对物体做功，可以使物体的重力势能变化。物体在下落过程中，重力对物体做正功，重力势能减少；物体在上升过程中，重力对物体做负功，重力势能增加。也就是**重力所做的功等于物体重力势能减少的量**。

例题

如图 5.3.3 所示，质量为 0.5 kg 的小球从 A 点下落到地面。图中 A 点到桌面的高度 $h_1=1.2$ m，桌面高 $h_2=0.8$ m。

(1) 在表 5.3.1 的空白处按要求填入数据。

(2) 分析以上计算结果，你能得出什么结论？

(3) 如果下落时有空气阻力，表 5.3.1 中的数据是否会改变？（取 $g=10$ m/s²）

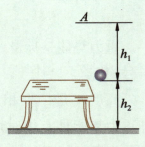

图 5.3.3 小球下落

表 5.3.1 数据记录表　　　　　　　　　　　　　　　单位：J

所选取的零势能面	小球在 A 点的重力势能	小球在地面的重力势能	整个下落过程中重力对小球做的功	整个下落过程中小球重力势能的变化量
桌面				
地面				

分析　根据重力势能的表达式 $E_p=mgh$ 即可求解小球的重力势能。注意式中 h 为小球相对零势能面的高度。根据 $W=mg\Delta h$ 可以计算重力做的功，Δh 为小球下落的高度，重力势能的变化量等于小球在末位置的重力势能减去小球在初位置的重力势能。

解　(1) 以桌面为零势能面，小球在 A 点的重力势能为

$$E_{p1}=mgh_1=0.5\times10\times1.2 \text{ J}=6 \text{ J}$$

小球在地面的重力势能为

$$E_{p2}=-mgh_2=-0.5\times10\times0.8 \text{ J}=-4 \text{ J}$$

整个过程中重力做的功为

$$W=mg(h_1+h_2)=0.5\times10\times(1.2+0.8) \text{ J}=10 \text{ J}$$

整个下落过程中小球重力势能的变化量为

$$\Delta E_p=E_{p2}-E_{p1}=(-4-6) \text{ J}=-10 \text{ J}$$

以地面为零势能面，小球在 A 点的重力势能为

$$E_{p1}'=mg(h_1+h_2)=0.5\times10\times(1.2+0.8) \text{ J}=10 \text{ J}$$

小球在地面的重力势能为

$$E_{p2}'=mgh=0.5\times10\times0 \text{ J}=0 \text{ J}$$

整个过程中重力做的功为

$$W'=mg(h_1+h_2)=0.5\times10\times(1.2+0.8) \text{ J}=10 \text{ J}$$

整个下落过程中小球重力势能的变化量为

$$\Delta E_p'=E_{p2}'-E_{p1}'=(0-10) \text{ J}=-10 \text{ J}$$

（2）小球的重力势能与零势能面的选取有关，是相对的；而重力势能的改变量与零势能面的选取无关。

（3）下落时若有空气阻力，表5.3.1中的数据不会改变。

反思与拓展

物体的重力势能具有相对性，与零势能面的选取有关。重力势能的数值表示物体的重力势能相对零势能面的大小，重力势能为正值表示物体高于零势能面，重力势能为负值表示物体低于零势能面。而重力做功、重力势能的变化量与零势能面的选取无关，由始末位置的高度差决定，重力所做的功等于物体重力势能的减少量。

5.3.3 弹性势能

如图5.3.4所示，拉开的弓、正在击球的球拍等，这些物体由于发生了弹性形变，就具有了对外做功的本领。物体由于发生弹性形变而具有的能量称为**弹性势能**。

图5.3.4 拉开的弓和正在击球的球拍

弹性势能也是一种被储存的能量，在适当的时候可以释放出来。例如，拉开的弓能够把箭射出去从而释放能量，变形的球拍能把球击出去而释放能量，等等，这些都是弹性势能的具体表现。

弹性势能的大小与物体的弹性形变量的大小有关，弹性形变量越大，物体具有的弹性势能越多。物体发生弹性形变时会产生弹力的作用，弹力做功 W 与弹性势能的改变量 ΔE_p 的关系为

$$W = -\Delta E_p \qquad (5.3.4)$$

这与重力做功和重力势能改变量的关系类似。

实践与练习

1. 判断下列说法是否正确。

(1) 当重力对物体做正功时，物体的重力势能一定减少。

(2) 物体克服重力做功时，物体的重力势能一定增加。

(3) 地球上每一个物体的重力势能都有一个确定值。

(4) 重力做功的多少与零势能面的选取无关。

2. 如图5.3.5所示，选定物体放在桌面上时重心所在的水平面 B 为零势能面。

(1) 当质量为 m 的物体重心位于水平面 B 以上高度为 h_1 的水平面 A 时，它的重力势能 E_{pA} 是多少？

(2) 当物体放在桌面上时，它的重力势能 E_{pB} 是多少？

(3) 当物体放在地面上时，其重心在水平面 C 上，与水平面 B 的距离为 h_2，则它的重力势能 E_{pC} 是多少？

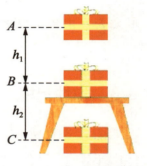

图 5.3.5 零势能面的选取

3. 如图5.3.6所示，质量为 50 kg 的跳水运动员从 5 m 高的跳台上以 4 m/s 的速度斜向上起跳，最终落入水中。若忽略运动员的身高，取重力加速度 $g = 10\ \text{m/s}^2$，求：

(1) 以水面为零势能面，运动员在跳台上具有的重力势能；

(2) 运动员从起跳到入水的全过程中重力所做的功。

4. 生活中常见的闭门器主要依靠机械器件发生弹性形变后，储存的弹性势能自动将打开的门关闭，如图5.3.7所示。当门打开和关闭时，弹簧的弹力分别对外做正功还是做负功？能量是如何转化的？

图 5.3.6 高台跳水

图 5.3.7 闭门器

5.4 机械能守恒定律

在2022年北京冬奥会钢架雪车项目中,比赛运动员乘坐钢架雪车沿着有各种弯度的专用冰道,从高处高速滑降至低处的终点。从能量转化的角度分析,该过程中运动员的重力势能减少、动能增加,它们之间的转化遵循什么规律?总能量是否会发生变化?

5.4.1 动能和势能相互转化

在物理学中,动能和势能(包括重力势能和弹性势能)统称为**机械能**。在一定的条件下,物体的功能和势能之间可相互转化。

活动

探讨蹦极运动过程中动能和势能如何转化

如图5.4.1所示,试分析在蹦极运动中,蹦极者在重力和弹性绳拉力的作用下下落、上升的过程中动能、重力势能和弹性势能之间是如何转化的。

(1) 蹦极者下落的过程中,重力做正功还是做负功?重力势能转化为什么能?

(2) 弹性绳开始拉长至蹦极者下落到最低点的过程中,重力做正功还是做负功?弹力做正功还是做负功?动能和重力势能转化为什么能?

图 5.4.1 蹦极运动

(3) 蹦极者从最低点上升至绳没有拉力的过程中,重力做正功还是做负功?弹力做正功还是做负功?弹性势能转化为什么能?

(4) 蹦极者继续上升至最高点的过程中,重力做正功还是做负功?动能转化为什么能?

通过讨论可知，在蹦极运动中，动能、重力势能、弹性势能可以相互转化。其实，在日常生活中，动能和势能相互转化的例子很常见，比如：小朋友荡秋千时，秋千在下降过程中，重力做正功，重力势能减少，动能增加；秋千在上升过程中，重力做负功，重力势能增加，动能减少。

5.4.2 机械能守恒定律

物体的动能和势能在相互转化的过程中，一种能量减少的同时，另一种能量增加，那么减少的能量是否刚好等于增加的能量呢？或者说，物体的动能和势能的总能量是否保持不变，即机械能是否守恒呢？

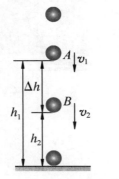

图 5.4.2　自由下落的物体

如图 5.4.2 所示，设一质量为 m 的物体自由下落，经过高度为 h_1 的 A 点时的速度为 v_1，下落到高度为 h_2 的 B 点时的速度为 v_2。

在自由落体运动中，物体只受重力 $G=mg$ 的作用，重力做正功，设物体从 A 点落到 B 点的过程中重力所做的功为 W_G，则由动能定理可得

$$W_G = \frac{1}{2}mv_2^2 - \frac{1}{2}mv_1^2 \tag{5.4.1}$$

上式表示重力所做的功等于动能的增加量。

另外，重力做的功为

$$W_G = mg\Delta h = mgh_1 - mgh_2 \tag{5.4.2}$$

由式（5.4.1）和式（5.4.2）可得

$$\frac{1}{2}mv_2^2 - \frac{1}{2}mv_1^2 = mgh_1 - mgh_2 \tag{5.4.3}$$

可见，在自由落体运动中，重力做了多少功，就有多少重力势能转化为等量的动能。将式（5.4.3）整理可得

$$\frac{1}{2}mv_1^2 + mgh_1 = \frac{1}{2}mv_2^2 + mgh_2$$

或　　　　　　　　　$E_{k1} + E_{p1} = E_{k2} + E_{p2}$

即　　　　　　　　　　　$E_1 = E_2$ 　　　　　　　(5.4.4)

式（5.4.4）表明，小球在自由落体运动中，任一时刻动能和重力势能之和都保持不变，即小球的机械能总量保持不变。

可以证明，在只有重力做功的系统内，无论物体做直线运动还是做曲线运动，上述结论都成立。同样可以证明，如果只有弹力做功，系统的机械能也守恒。

研究表明，**在只有重力或弹力做功的系统内，物体的动能和势能发生相互转化，机械能的总量保持不变**。这个结论就是机械能守恒定律。

体验碰鼻实验

用绳子将一个提桶悬挂在门框下，提桶里放些重物。将提桶拉离竖直位置并贴着自己的鼻尖后由静止释放，而自己保持不动，提桶将前后摆动。当重物摆回来时，是否能碰到自己的鼻尖？在此过程中机械能是否守恒？请从能量转化的角度分析实验现象。

例题

如图 5.4.3 所示，滑雪运动员从斜坡顶端 A 以速度 $v_A = 2$ m/s 滑下，到达坡底 B 时的速度为 $v_B = 16$ m/s。运动过程中的阻力均忽略不计，g 取 10 m/s²。

（1）A、B 两点间的竖直高度差 h 为多少？

（2）如果运动员由坡底以速度 $v_B' = 7$ m/s 冲上坡面，它能到达的最高点的高度 h' 为多少？

图 5.4.3 滑雪运动员从斜坡滑下

分析 运动员在 A、B 两点间运动时，阻力均忽略不计，只有重力对运动员做功，运动员的机械能守恒，由此可以根据机械能守恒定律，用 A、B 两点机械能之间的关系求解。

解 （1）将 B 点所在的水平面设为零势能面，根据机械能守恒定律，有

$$\frac{1}{2}mv_A^2 + mgh = \frac{1}{2}mv_B^2 + 0$$

解得

$$h = \frac{v_B'^2 - v_A^2}{2g} = \frac{16^2 - 2^2}{2 \times 10} \text{ m} = 12.6 \text{ m}$$

（2）运动员从坡底运动到最高点的过程中只有重力做功，机械能仍然守恒，仍以 B 点所在的水平面为零势能面，则有

$$0 + mgh' = \frac{1}{2}mv_B'^2 + 0$$

解得
$$h' = \frac{v_B'^2}{2g} = \frac{7^2}{2 \times 10} \text{ m} = 2.45 \text{ m}$$

反思与拓展

用机械能守恒定律解决问题的一般步骤为：① 确定研究对象；② 判断机械能守恒条件是否成立；③ 选取零势能面；④ 确定始末状态的动能和势能；⑤ 列出相关表达式并求得结果。

机械能守恒定律关注的是两个运动状态之间的能量关系，并不过多地涉及运动过程的细节。因此，在满足机械能守恒条件时，运用机械能守恒定律解决运动过程较为复杂的问题往往具有明显的优势。

 生活·物理·社会

地铁线路节能坡设计

节能坡是既符合轨道交通车辆运行规律，又可节省能耗的坡道。根据沿线地形、地质及施工方法，在设计纵断面时将车站布置在纵断面的凸形部位上，使列车进站时上坡，将动能转化为势能，以缩短制动时间、减少制动发热、节约环控能耗；使列车出站时下坡，将势能转化为动能，以缩短牵引时间、快速起步、减少牵引能耗。所以，地铁线路理想的纵断面是将车站设在纵断面的坡顶上，如图5.4.4所示。

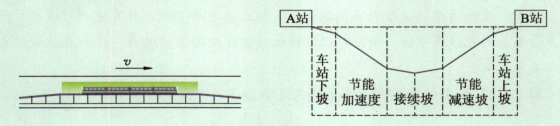

图 5.4.4　节能坡示意图

广州地铁 3 号线北延段就加入了节能坡的设计，这是国内首条时速达到 120 km 的地铁。根据节能坡的原理和相关研究，广州地铁 3 号线节能坡的坡度（坡面的垂直高度 h 和水平距离 l 的比）维持在 25‰～30‰，坡长根据最高运行速度设计为 250～350 m。

列车进站时上坡，将动能转化为重力势能，列车出站时下坡，再将重力势能转化为动能，这样有利于减少机械能的消耗，达到节能的目的。因此在设计地铁线路纵断面时，应根据沿线地形、地质及施工方法等因素，尽量将车站布置在纵断面的坡顶上，并设置合理的进出站坡度，以减少机械能的消耗。

中国工程

我国的水力发电

水力发电站是利用水位差蕴藏在水体中的重力势能，使水流产生强大的动能进行发电。水力发电站一般位于丘陵地带，因为那里比较容易修建水坝，并且可以建造大型蓄水池。水力发电站通过在河流或湖泊上建造水坝来储存水。水从大坝被送入水轮机，落水使水轮机旋转，涡轮驱动与其耦合的交流发电机将机械能转换为电能。这就是水力发电的基本工作原理（图5.4.5）。开发水力资源发展水电，是我国调整能源结构、发展低碳能源、节能减排、保护生态的有效途径。

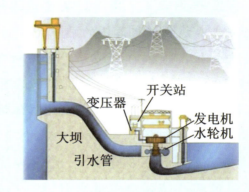

图 5.4.5　水力发电的基本工作原理

三峡水电站（图5.4.6），即长江三峡水利枢纽工程，又称三峡工程，坐落在湖北省宜昌市境内的长江西陵峡段，与下游的葛洲坝水电站构成梯级电站。三峡水电站是世界上规模最大的水电站，

图 5.4.6　三峡水电站

1994年正式动工兴建，2003年6月1日下午开始蓄水发电，于2009年全部完工。三峡水电站大坝高程185 m，蓄水高程175 m，水库长2 335 m，安装了32台单机容量为7.0×10^5 kW的水电机组。

实践与练习

1. 下列各种运动过程中系统的机械能是否守恒？
(1) 不计空气阻力，抛出的铅球在空中运动；
(2) 物块沿光滑斜面下滑；
(3) 跳伞运动员张开伞后在空中匀速下落；
(4) 人造地球卫星绕地球做匀速圆周运动。

2. 如图 5.4.7 所示，某建筑工地准备利用落锤打桩机进行施工，该打桩机落锤的质量为 8 t，从高为 2 m 处自由落下锤击管桩，将桩打进地层。若不计空气阻力，取重力加速度 $g=10$ m/s^2，估算每一次桩锤下落时桩锤给管桩的冲击动能。

3. 一物体从 h 高处做自由落体运动，已知下落 2 s 后，物体的动能和重力势能相等，该物体开始下落时的高度是多少？

4. 如图 5.4.8 所示，一物体从静止开始沿着 1/4 的光滑圆弧轨道从 A 点滑到最低点 B 点，已知圆弧轨道的半径为 R，物体滑到 B 点的速度是多少？

图 5.4.7 打桩机

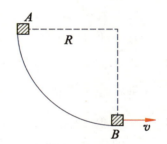

图 5.4.8 物体沿 1/4 圆弧轨道下滑

5.5 学生实验：验证机械能守恒定律

【实验目的】

（1）利用打点计时器，学会验证机械能守恒定律的方法。

（2）培养学生提出问题、分析论证及反思评估的能力。

【实验器材】

实验装置如图 5.5.1 所示，包括铁架台（带铁夹）、打点计时器、刻度尺、重物（钩码）、纸带、电源等。

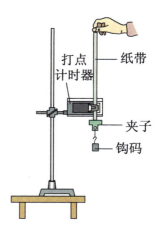

图 5.5.1 实验装置示意图

【实验方案】

在只有重力做功的情况下，物体的动能和势能互相转化，但总的机械能保持不变。利用打点计时器在纸带上记录重物从静止开始自由下落的高度 h_i，计算相应的瞬时速度 v_i，从而求出物体在自由下落过程中重力势能的减少量 $\Delta E_p = mgh_i$ 与动能的增加量 $\Delta E_k = \frac{1}{2}mv_i^2$。若 $\Delta E_p = \Delta E_k$ 成立，则 $\frac{1}{2}mv_i^2 = mgh_i$ 成立，即可验证机械能守恒定律。

可见，只要测出下落的高度 h_i 和对应的瞬时速度 v_i，再利用当地的重力加速度 g 的值，就能比较 $\frac{1}{2}mv_i^2$ 和 mgh_i 的大小。

【实验步骤】

（1）纸带一端吊重物，另一端穿过打点计时器。手提纸带，使重物靠近打点计时器并静止。接通电源，松开纸带，让重物自由落下，利用打点计时器记录重物下落过程中的运动情况。

（2）将纸带上物体静止下落的起始点记为 O，测量出纸带上其他点相对该点的距离，将其作为高度，表示重物经过这些点的重力势能。

（3）再计算重物经过这些点的瞬时速度，表示重物的动能。

（4）最后，通过比较重物经过这些点的动能与重力势能，得出实验结论。

【数据记录与处理】

（1）在实验得到的纸带中，选择一条点迹清晰且第一、第二点间距离接近 2 mm 的纸带，如图 5.5.2 所示。把物体静止下落的起始点记为 O，选取几个与 O 点相隔一段距离的点依次记为 1，2，3，…，用刻度尺测量对应的下落高度 h_1，h_2，h_3，…，填入表 5.5.1 中。

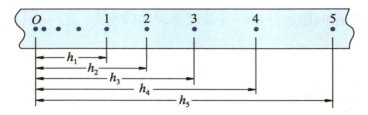

图 5.5.2 实验纸带数据处理示意图

（2）纸带中相邻两点的时间间隔为 $T=0.02$ s，用公式 $v_i=\dfrac{h_{i+1}-h_{i-1}}{2T}$（$i=2$，3，4，…）计算各点的瞬时速度 v_2，v_3，v_4，…，并填入表 5.5.1 中。

（3）计算各点重力势能的减少量 $\Delta E_\mathrm{p}=mgh_i$ 和动能的增加量 $\Delta E_\mathrm{k}=\dfrac{1}{2}mv_i^2$，将计算数据填入表 5.5.1 中，并比较 ΔE_k 与 ΔE_p 的值。

（4）分析数据，形成结论。

表 5.5.1 数据记录表

取点编号	1	2	3	4	5
各点到 O 点的距离 h_i/m					
各点的瞬时速度 v_i/(m·s^{-1})	—				—
重力势能的减少量 ΔE_p/J	—				—
动能的增加量 ΔE_k/J	—				—

【交流与评价】

1. 结果与分析

对上面的实验数据进行分析，可得到什么实验结论？

2. 交流与讨论

（1）上述实验方案中，引起实验误差的主要因素有哪些？如何减小实验误差？

（2）为什么实验中不测量重物的质量也能验证机械能守恒定律？

活动

利用DIS实验装置验证机械能守恒定律

如图5.5.3所示的实验装置中，将光电门传感器固定在摆锤上，并且与数字计时器相连接。

由于连接杆的质量远小于摆锤的质量，摆动过程中，连接杆的动能和重力势能可以忽略，只要测量摆锤（含光电门传感器）的动能和重力势能即可。6块挡光片可用螺栓固定在不同位置并由板上刻度读出其相对轨道最低点的高度。

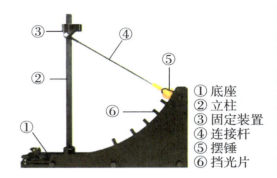

图 5.5.3　DIS实验装置

已知挡光片的宽度d、摆锤的质量m。释放摆锤，通过光电门传感器，数字计时器上显示摆锤经过6个挡光片的时间t，然后根据$v=\dfrac{d}{t}$，求得摆锤经过6个挡光片的速度v的大小。

想一想，如何利用以上实验方案验证机械能守恒定律？

物理与职业

过山车设计师

过山车设计师主要负责设计和改进过山车（图5.5.4）的各项特性，以提供更佳的乘坐体验。这些特性包括过山车的安全性、舒适度、速度、刺激度等。过山车设计师通常需要具备机械工程、动力学、材料科学等相关专业的背景知识，以及丰富的设计经验。他们需要了解过山车的工作原理、机械结构、安全标准等方面的知识，同时也需要

图 5.5.4　过山车

具备创新思维和良好的审美能力，以便设计出更具吸引力和竞争力的过山车。

轨道设计是一个反复调整的过程。设计师需要首先掌握占地面积和位置，然后

确定站台、提升段、立环等元素位置，画出轨道的俯视中心线以及侧面轮廓线，接着在过山车模拟软件中按照这些设计细化、模拟运行、检查验证、调整轨道，最后进行现场安装和安全调试。

实践与练习

某实验小组利用如图 5.5.1 所示的装置做"验证机械能守恒定律"实验。

（1）为验证机械能是否守恒，需要比较重物下落过程中任意两点间的（　　）

A. 动能的变化量和势能的变化量

B. 速度的变化量和势能的变化量

C. 速度的变化量和高度的变化量

（2）除带夹子的重物、纸带、铁架台（含铁夹）、打点计时器、导线和开关外，下列器材中还必须使用的两种器材是（　　）

A. 交流电源　　　　B. 刻度尺　　　　C. 天平（含砝码）

（3）实验中，先接通电源，再释放重物，得到如图 5.5.5 所示的一条纸带。在纸带上选取 3 个连续打出的点 A、B、C，测得它们到起始点 O 的距离分别为 h_A、h_B、h_C。

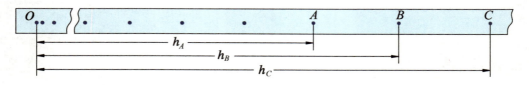

图 5.5.5　纸带记录

已知当地的重力加速度为 g，打点计时器打点的周期为 T，设重物的质量为 m。从点 O 到点 B 的过程中，重力势能的变化量 $\Delta E_p =$ _____，动能的变化量 $\Delta E_k =$ _____。

（4）如果实验结果显示重力势能的减少量大于动能的增加量，可能的原因是什么？

（5）某同学采用以下方法研究机械能是否守恒：在纸带上选取多个计数点，测量它们到起始点 O 的距离 h_n，计算对应计数点的重物瞬时速度 v_n，描绘 v^2-h 图像，并做如下判断：若图像是一条过原点的直线，则重物下落过程中机械能守恒。请分析论证该同学的判断依据是否正确。

小结与评价

内容梳理

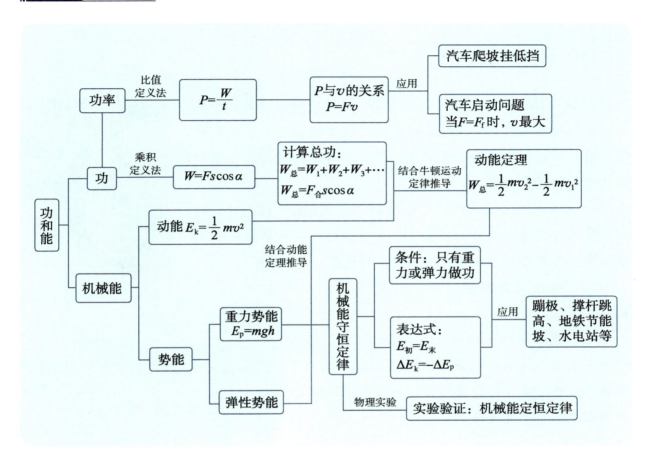

问题解决

1. 水运仪象台是北宋天文学家苏颂等人设计并建造的集天文观测、天文演示和报时系统于一体的综合性观测仪器，被公认为世界上最古老的天文钟。上网搜索水运仪象台的相关资料，调查它转动的能量来源和特点，写一篇调查小报告，在课堂上与同学交流。

2. 冰壶比赛是在水平冰面上进行的体育项目，比赛场地如图（a）所示。比赛时，运动员从起落架处推着冰壶出发，在投掷线 AB 处放手让冰壶以一定的速度滑出，使冰壶最终的停止位置尽量靠近圆心 O，如图（b）所示。为使冰壶滑行得更远，运动员可以用毛刷擦冰壶前方的冰面，使冰壶与冰面间的动摩擦因数 μ 减小。请根据以上信息，建构物理模型，分析运动员应当如何操作，才能够使冰壶沿虚线前行。

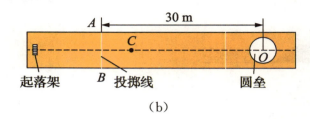

(a)   (b)

第 2 题图

3. 找一辆如图所示的变速自行车，观察其脚蹬轴与后轮轴上的齿轮组各有多少种齿轮，讨论研究使用该自行车上陡坡和高速骑行时最适用哪种变速方式，写一个研究小报告，到课堂上展示，与同学们交流。

第 3 题图

4. 随着人类能量消耗的迅速增加，如何有效地提高能量的利用率是人类所面临的一项重要任务。如图所示是某轻轨的设计方案，与站台连接的轨道有一个小的坡度。

（1）请你从提高能量利用率的角度，分析这种设计的优点。

（2）假设站台地面比上坡前的地面高 2 m，讨论一辆以 36 km/h 的速度在轨道上行驶的列车关闭动力后，能否行驶至站台？如果能冲到坡上，列车在坡上的速度是多少？

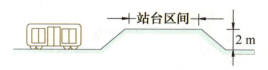

第 4 题图

第 6 章
静电场与恒定电流

地球大气层中每秒落到地面的闪电有近百次。闪电是静电现象，在生活中静电现象是十分常见的。为何会产生静电？如何合理地利用静电？本章我们一起学习与电相关的内容。

主要内容

- ◎ 静电　库仑定律与电场
- ◎ 电场强度　电场线
- ◎ 电势能　电势
- ◎ 恒定电流　闭合电路欧姆定律
- ◎ 学生实验：用多用表测量电学中的物理量
- ◎ 电功与电功率
- ◎ 能量转化与守恒

6.1 静电 库仑定律与电场

在加油站中会设置静电释放器，车主在使用自助加油机前，应该先触摸静电释放器，消除身上可能存在的静电，尤其是在秋冬等干燥季节。你还知道哪些静电现象？你知道静电的物理原理吗？

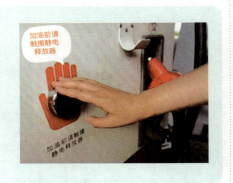

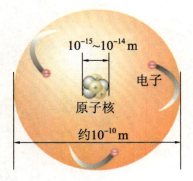

图 6.1.1 原子构成示意图

信息快递

迄今为止，科学实验发现的最小电荷量就是电子和质子所带的电荷量，人们把这个最小的电荷量称为元电荷，通常用 e 表示。科学实验还指出，所有带电体的电荷量等于 e 或者等于 e 的整数倍。计算时可取 $e=1.60\times10^{-19}$ C。

6.1.1 电荷与静电的产生

通过初中的学习我们知道，用丝绸摩擦过的玻璃棒和用毛皮摩擦过的硬橡胶棒都可以吸引轻小物体，说明它们都带有电荷。电荷的多少称为**电荷量**，常用 Q（或 q）表示。在国际单位制中，电荷量的单位是库仑，简称库（C）。

自然界中有两种电荷，即正电荷和负电荷。同种电荷相互排斥，异种电荷相互吸引。如图 6.1.1 所示是原子构成示意图。原子是由带正电的原子核与绕核旋转的带负电的电子组成的，原子核是由带正电的质子和不带电的中子组成的。通常原子核所带正电荷与核外电子所带负电荷的电荷量相等，整个物体对外不显电性，呈电中性。

当物体内部包含的正、负电荷量不相等时，物体就呈带电状态。如果物体失去一些电子，就有多余的正电荷存在，物体带正电；反之，物体带负电。

将刚梳过头发的塑料梳靠近细小纸屑，纸屑会被吸起；雷雨天，能看到撕裂长空的闪电，听到震耳欲聋的雷声。这些都是静电现象。使物体带电的方式通常有三种：**摩擦起电**、**接触起电**和**感应起电**。

➤ 摩擦起电

当两个物体互相摩擦时，一些受原子核束缚较弱的电子会从一个物体转移到另一个物体上，得到电子的物体带负电，失去电子的物体带正电。这种现象称为**摩擦起电**。例如，橡胶棒和毛皮摩擦时（图 6.1.2），毛皮上的电子转移到橡胶棒上，橡胶棒带负电，毛皮带正电。

图 6.1.2　橡胶棒与毛皮摩擦

活动

自制静电章鱼

准备一根塑料管、一小把塑料丝（一端扎起）、一块羊毛皮，如图 6.1.3 所示。用一块羊毛摩擦塑料管和塑料丝，摩擦后的塑料管使塑料丝像一只章鱼一样飘浮在空中，讨论其中的物理原理。

图 6.1.3　静电章鱼实验所用材料

➤ 接触起电

带电体和不带电体相接触而使后者带电的方法称为**接触起电**。如用带电体接触验电器，验电器中的金属箔会张开，如图 6.1.4 所示。

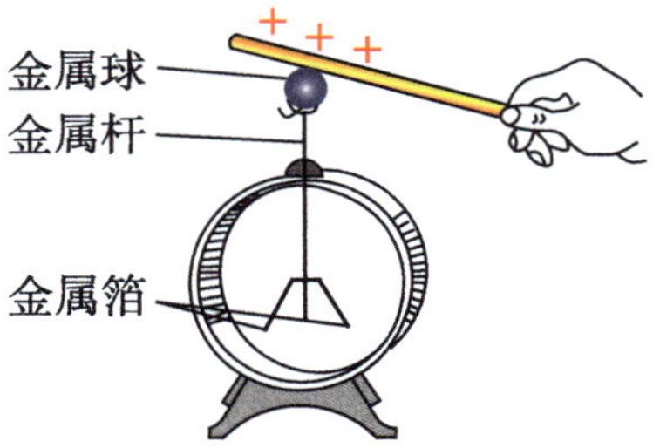

➤ 感应起电

将一个带电体靠近一个不带电的导体时，该导体在靠近带电体的一端聚集了与带电体相反的电荷，而远离带电体的一端聚集了与带电体相同的电荷。这种使物体带电的方法称为**感应起电**。

图 6.1.4　带电体接触验电器

活动

观察静电感应现象

如图 6.1.5 所示，取一对用绝缘柱支撑的导体 A 和 B，使它们彼此接触。起初两导体不带电，贴在下部的两片金属箔闭合。手握绝缘棒，把带正电荷的带电体 C 移近导体 A，金属箔有什么变化？这时手持绝缘柱把导体 A 和 B 分开，然后移开 C，金属箔又有什么变化？再让导体 A 和 B 接触，又会看到什么现象？

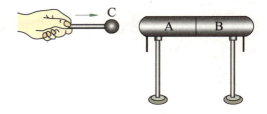

图 6.1.5　静电感应实验示意图

以上使物体带电的方式从本质上都源于电子在不同物体间或者同一物体的不同部分间发生了转移，它们之间电荷的总量并没有发生变化。

大量实验事实表明，**电荷既不会创生，也不会消灭，它只能从一个物体转移到另一个物体，或者从物体的一部分转移到另一部分，在转移过程中，电荷的总量保持不变。这个结论称为电荷守恒定律。**

生活·物理·社会

舱外航天服中的静电知识

2008 年 9 月 27 日，我国航天员进行首次太空行走，我国研制的第一套舱外航天服"飞天"第一次在距地球 300 多千米的茫茫太空"亮相"（图 6.1.6）。

"飞天"研制历时 4 年，首款产量只有 3 件，它既是衣服，也是一艘穿在身上的"小型飞船"，其包含了飞船的大部分功能。全世界只有 3 个国家可以设计、制作这种舱外航天服，我国就是其中之一。

图 6.1.6　"飞天"舱外航天服

由于太空环境很恶劣，因此航天员出舱时必须穿舱外航天服，以便把航天员的身体与太空的恶劣环境隔离开来，并向航天员提供一个相当于地面的环境。舱外航天服自带供电、气源、制冷和空气控制等功能，可保护航天员的生命安全，抵御外太空的高温、低温、强辐射等。

　　这价值连城的"飞天"舱外航天服是由什么材料制成的？舱外航天服的软结构包括上、下肢和手套。它从内到外共有 6 层：① 由特殊防静电处理过的棉布制成的舒适层；② 橡胶质地的备份气密层；③ 主气密层；④ 由涤纶面料制成的限制层；⑤ 通过热反射来实现隔热的隔热层；⑥ 外防护层。其中，最里面一层是由棉布制成的舒适层，这种棉布经过特殊处理，最大的特点是绝对不起静电，这是为了避免航天服内增压充纯氧时产生静电摩擦而发生引爆事故。

6.1.2　库仑定律

　　通过前面的学习我们知道，同种电荷相互吸引，异种电荷相互排斥，那么电荷之间的作用力大小与什么因素有关呢？

 活动

探究影响电荷间作用力的因素

　　如图 6.1.7 所示，将带正电的带电体 C 置于铁架台旁，把系在丝线上带正电的小球 B 先后挂在 P_1、P_2、P_3 位置。

　　观察当小球 B 远离带电体 C 时，丝线偏离竖直方向的角度是变大还是变小？表明小球受到的力是变大还是变小？

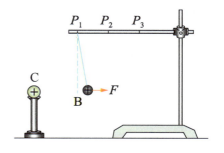

图 6.1.7　探究影响电荷间作用力的因素实验

　　观察当小球 B 的位置不变时，增大其所带的电荷量，丝线偏离竖直方向的角度是变大还是变小？表明小球受到的力是变大还是变小？

　　分析电荷间作用力的大小与哪些因素有关。

　　通过实验，我们可以初步知道电荷间相互作用力的大小与带电体所带电荷量的大小以及它们之间的距离有关。随着电荷间距离的增大，电荷间作用力减小；随着所带电荷量的增大，相互间作用力增大。

　　如何计算电荷之间的作用力呢？法国科学家库仑设计了一个十分精妙的扭秤实验，对电荷之间的作用力进行了研究，

143

> **信息快递**
>
> 库仑定律中点电荷是一种理想化的物理模型。如果带电体间的距离比它们自身的大小大得多，以至于带电体的形状和大小以及电荷分布状况对相互作用力的影响可以忽略不计，这样的带电体就可以看作点电荷。

总结了电荷之间相互作用力的规律：真空中两个静止的点电荷之间相互作用力的大小，与它们的电荷量的乘积成正比，与它们之间的距离的二次方成反比，作用力的方向在它们的连线上。这个规律称为**库仑定律**。这种电荷之间的相互作用力称为**静电力**或**库仑力**。

如果用 q_1 和 q_2 表示两个点电荷的电荷量，用 r 表示它们之间的距离，用 F 表示它们之间的相互作用力，库仑定律可用公式表示为

$$F = k\frac{q_1 q_2}{r^2} \qquad (6.1.1)$$

式中，$k = 9.0 \times 10^9 \text{ N} \cdot \text{m}^2/\text{C}^2$，称为**静电力常量**。$F$ 的方向可根据"同种电荷相互排斥，异种电荷相互吸引"来判断。

根据库仑定律，两个电荷量为 1 C 的点电荷在真空中相距 1 m 时，相互作用力是 9.0×10^9 N，差不多相当于 100 万吨物体所受的重力。可见，库仑是一个非常大的电荷量单位。通常情况下，梳子摩擦起电时产生的电荷量的数量级为 10^{-7} C，一片雷雨云带电的电荷量为几十库仑。

例 1

试比较电子和氢核（质子）间的静电力和万有引力的大小。已知电子的质量为 9.1×10^{-31} kg，质子的质量为 1.67×10^{-27} kg。

分析 一般情况下，静电力和万有引力可由库仑定律和万有引力公式计算得出。但题目中未给出电子和质子间的距离 r，所以无法直接计算出静电力和万有引力的大小。考虑到两个力的公式中都有 r^2，可通过计算两个力的比值来比较大小。

解
$$\frac{F_1}{F_2} = \frac{\dfrac{kq_1 q_2}{r^2}}{G\dfrac{m_1 m_2}{r^2}} = \frac{kq_1 q_2}{Gm_1 m_2}$$

$$= \frac{9.0 \times 10^9 \times 1.60 \times 10^{-19} \times 1.60 \times 10^{-19}}{6.67 \times 10^{-11} \times 9.1 \times 10^{-31} \times 1.67 \times 10^{-27}} \approx 2.3 \times 10^{39}$$

反思与拓展

电子和质子间的静电力约为它们之间万有引力的 2.3×10^{39} 倍，所以在研究微观粒子间的相互作用时，万有引力一般可以忽略不计。

库仑定律描述的是两个点电荷之间的作用力，如果空间有两个以上的点电荷，每个点电荷都要受到其他所有点电荷对它的作用力。那么每个电荷受到的作用力就等于各点电荷单独对这个点电荷作用力的矢量和。

6.1.3 电场与电场力

电荷之间即使不接触也存在相互作用力，怎么解释这种现象？19世纪30年代，英国科学家法拉第提出一种观点，认为在电荷的周围存在着一种特殊的物质，称为**电场**，电场对处在其中的电荷有力的作用，这种力称为**电场力**。

经过长期的科学研究，人们认识到，电荷之间的相互作用是通过电场来传递的。只要有电荷存在，电荷周围就存在着电场。物理学的理论和实验证实并发展了法拉第的观点，电场已被证明是客观存在的，它像实物粒子一样具有能量。我们把相对观察者静止的电荷产生的电场称为**静电场**。

如图 6.1.8 所示，两个正电荷 A 和 B，分别带电荷量 q_1 和 q_2。电荷 A 在它的周围产生一个电场，该电场对电荷 B 施加电场力 F_2；电荷 B 在它的周围也产生一个电场，该电场对电荷 A 施加电场力 F_1。

图 6.1.8 两个正电荷间的相互作用

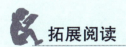

静电的利用与防范

随着科学技术的发展和各种用电器的普及，静电与人们的关系越来越密切。在电场中，带电粒子受到静电力的作用，向着电极运动，最后会被吸附在电极上。这一原理在生产技术上被广泛应用，如静电除尘、静电喷漆、静电复印等。

静电防范是让产生的电荷及时转移出去，不产生累积。在生产和社会生活中，静电的危害随时可能发生。例如，医院手术台上，静电火花有可能引起麻醉剂爆炸；煤矿中，静电火花会引起瓦斯爆炸；在加油站或油罐车附近，静电还可能引发火灾、爆炸等严重事故。通过有效接地的方法把静电传入地下，以防止静电的积聚，避免静电放电的火花引发爆炸。例如，油罐车车尾装有一条拖在地上的导电拖地带（图6.1.9），其作用就是导走运输过程中油和油罐摩擦产生的静电，避免引起爆炸。

图6.1.9 油罐车车尾的导电拖地带

实践与练习

1. 加油站加油枪旁常有一个触摸式人体静电释放器（图6.1.10），加油前用手触摸它，可将人体的静电导走，防止静电产生火花。这是因为触摸静电释放器可以（ ）

A. 使手润滑

B. 使手干燥

C. 产生静电

D. 释放人身上的静电

图6.1.10 静电释放器

2. 在真空中，电荷量为 2.7×10^{-9} C 的点电荷 A 受到另一个点电荷 B 的吸引力，大小为 8.0×10^{-5} N，A 与 B 间的距离为 0.1 m。求 B 所带的电荷量。

3. 辉光球又称电离子魔幻球（图6.1.11），用手触及时，辉光弧线会顺着手的游动而移动起舞。请查阅相关资料，了解其物理原理。

图6.1.11 辉光球

4. 查阅资料，了解古今中外科学家对静电学的研究和应用，并在课堂上分享。

6.2 电场强度 电场线

鸱吻是我国古代建筑的装饰物,早在汉朝的时候就出现了。鸱吻一般立于屋脊正脊两端,保持着与天空最近的距离,以便雷雨天气引雷上身,所以又被称为"古代避雷针"。它的设计原理是什么?

6.2.1 电场强度

通过上一节的学习,我们知道电荷周围存在电场。一般我们将激发电场的电荷称为**场源电荷**。为了研究场源电荷激发电场的性质,需要在电场中引入另一个点电荷,该点电荷的电荷量必须足够小,以致可以忽略其对电场的影响,该电荷称为**试探电荷**。

如何描述场源电荷产生的电场的强弱?

如图 6.2.1 所示,在带电荷量为 Q 的场源电荷产生的电场中,放一个带电荷量为 q 的试探电荷,比较试探电荷在 A、B 两点受到的电场力大小。由库仑定律可知,试探电荷在电场中的不同位置受到的电场力的大小不同,这表明电场中不同位置的电场强弱不同。

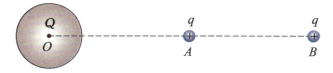

图 6.2.1 试探电荷在场源电荷的电场中

我们不能直接用试探电荷所受的电场力来表示电场的强弱,因为对于带电荷量不同的试探电荷,即使在电场中的同一位置,所受的电场力 F 也不相同。

实验表明,在电场中的同一位置,比值 $\dfrac{F}{q}$ 是恒定的;在电场中的不同位置，比值一般是不同的。这个比值由试探电荷在电场中的位置所决定，与试探电荷所带电荷量的大小无关，它是反映电场性质的物理量。

我们把放入电场中某点的电荷所受的电场力 F 与它的电荷量 q 的比值，称为该点的**电场强度**，简称场强，用 E 表示，即

$$E = \frac{F}{q} \tag{6.2.1}$$

电场强度在数值上等于单位试探电荷所受电场力的大小。在国际单位制中，电场强度的单位是牛/库（N/C）。

电场强度是矢量。物理学中规定，电场中某点电场强度的方向就是正电荷在该点所受电场力的方向。

如果已知电场中某点的电场强度为 E，带电荷量为 q 的点电荷在该点所受到的电场力 F 的大小为

$$F = qE \tag{6.2.2}$$

F 的方向取决于电场的方向和点电荷的正负：如果点电荷是正电荷，电场力方向与电场方向相同；如果点电荷是负电荷，电场力方向与电场方向相反。对于电场中的不同点，E 越大，同一电荷在电场中受到的电场力越大。因此，电场强度 E 从力的角度描述了电场的性质。

> **方法点拨**
>
> 电场强度的定义采用了比值定义法。在运动的描述中，我们学习了利用比值定义法定义速度这个物理量，速度是描述物体运动的本质属性。电场强度反映的是电场的本质属性，它不随定义所用的物理量的大小变化而改变。

例 1

一个电荷量为 2.0×10^{-8} C 的正电荷，在电场中某点所受的电场力为 3.0×10^{-4} N，求该点电场强度的大小。若将一电荷量为 1.0×10^{-8} C 的负电荷置于该点，该点的电场强度是否变化？求它所受电场力的大小和方向。

分析 已知电荷量和电场力，根据电场强度的定义式，可以计算出电场强度的大小。在同一位置放入负电荷，电场强度不变。其电场力大小可由 $F = qE$ 得出，

方向可由负电荷的受力方向与电场强度的方向相反判断。

解 根据电场强度的定义式,有

$$E = \frac{F}{q} = \frac{3.0 \times 10^{-4}}{2.0 \times 10^{-8}} \text{ N/C} = 1.5 \times 10^4 \text{ N/C}$$

该点电场强度的大小、方向与该处是否放电荷以及电荷的大小、正负均无关,所以该点的电场强度不变。

负电荷在该点所受电场力的大小为

$$F' = Eq' = 1.5 \times 10^4 \times 1.0 \times 10^{-8} \text{ N} = 1.5 \times 10^{-4} \text{ N}$$

方向与该点电场强度的方向相反。

反思与拓展

电场强度的大小取决于电场本身,与电场中的电荷无关。

6.2.2 点电荷的电场强度

在带电荷量为 Q 的点电荷形成的电场中,计算距离该点电荷为 r 的某点电场强度的大小时,可在该点放入带电荷量为 q 的试探电荷,由库仑定律可知点电荷与试探电荷之间的作用力为 $F = k\dfrac{Qq}{r^2}$。

根据电场强度的定义,该点电场强度的大小为

$$E = k\frac{Q}{r^2} \quad (6.2.3)$$

式(6.2.3)表明,电场中任一点的电场强度与点电荷和这一点在电场中的位置有关,而与试探电荷无关。如图 6.2.2 所示,如果点电荷是正电荷,P 点 E 的方向沿点电荷与 P 点的连线并背离点电荷;如果点电荷是负电荷,P 点 E 的方向沿点电荷与 P 点的连线并指向点电荷。

如果有几个点电荷同时存在,电场中任意一点的电场强度等于各点电荷的电场在该点的电场强度的矢量和。

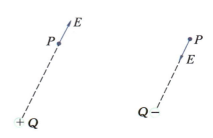

图 6.2.2 点电荷的场强

例2

在点电荷 A 的电场中，距 A 为 30 cm 的 P 点处的场强 $E=2.0\times10^4$ N/C，E 的方向指向 A。

(1) 求点电荷 A 的电荷量大小 Q 及电荷种类；

(2) 在 P 点处放一电荷量为 $q=-2.0\times10^{-8}$ C 的点电荷 B，求其所受电场力的大小和方向。

分析 根据点电荷的场强公式，可以计算出点电荷 A 的电荷量，根据场强方向，可以判断点电荷 A 的种类。在同一位置放入不同电荷，电场强度不变，根据 $F=qE$，可求出电场力的大小；根据负电荷的受力方向与场强方向相反，可判断电场力的方向。

解 (1) 由点电荷的场强公式，有

$$Q=\frac{Er^2}{k}=\frac{2.0\times10^4\times0.3^2}{9.0\times10^9}\text{ C}=2.0\times10^{-7}\text{ C}$$

E 的方向指向 A，说明 A 是负电荷。

(2) B 所受电场力的大小为

$$F'=qE=2.0\times10^{-8}\times2.0\times10^4\text{ N}=4.0\times10^{-4}\text{ N}$$

F' 的方向与 E 的方向相反。

反思与拓展

点电荷周围任一点的场强大小，只与点电荷所带电荷量 Q 以及点电荷到该点的距离有关。

6.2.3 电场线

电场强度是对电场的定量描述，但它看不见、摸不着，能不能更形象地描述电场呢？

模拟电场线

电场线的形状可以用实验来模拟。把头发碎屑悬浮在蓖麻油里，加上电场，头发碎屑就按电场强度的方向排列起来，显示出电场线的分布情况。图 6.2.3 是模拟正电荷电场线的照片。

图 6.2.3 模拟电场线

电极是电荷集中的地方，其周围存在电场。我们会看到，头发屑因受到电场力的作用而有规律地排列。它们的排列走向顺着电场力的方向，从而可以形象地模拟静电场电场力的大致分布，好像一条条曲线。

为了形象地描绘电场，在电场中画出一系列假想的曲线，使曲线上每一点的切线方向都与该点的场强方向一致，这样的曲线就称为**电场线**。图 6.2.4 表示一条电场线中 A、B、C 各点的场强方向。图 6.2.5 所示是孤立的点电荷的电场线，图 6.2.6 所示是两个等量的点电荷的电场线。

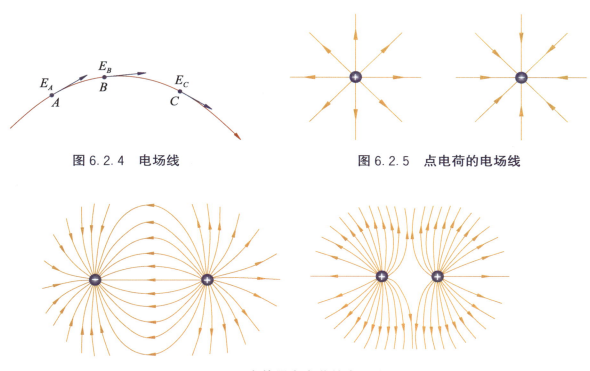

图 6.2.4　电场线　　　　图 6.2.5　点电荷的电场线

图 6.2.6　两个等量点电荷的电场线

由图 6.2.5 和图 6.2.6 可以看出，静电场的电场线具有以下特点：电场线总是从正电荷或无限远处出发，终止于无限远处或负电荷，电场线不闭合、不相交；电场强的地方电场线密集，电场弱的地方电场线稀疏。

6.2.4　匀强电场

在电场的某个区域，如果各点电场强度的大小和方向都相同，这个区域的电场就称为**匀强电场**。匀强电场是最简单的电场，也是很常见的电场。两块分别带等量正、负电荷，

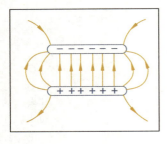

图 6.2.7 匀强电场

且靠得很近的平行金属板之间的电场，除边缘附近外就是匀强电场（图 6.2.7）。

因为匀强电场中各点电场强度的方向都相同，所以电场线一定是相互平行的直线；又因为各点的电场强度大小都相同，所以电场线的疏密程度处处相同。因此，匀强电场的电场线是间距相等的平行直线。

> **生活·物理·社会**
>
> ### 避雷针
>
> 我国每年因雷击以及相关原因造成的财产损失不计其数。避雷针可以保护建筑物避免雷击，它是如何起作用的呢？
>
> 实验表明，在导体表面，向外突出的地方（曲率为正且较大）电荷分布较密，比较平坦的地方电荷分布较疏，也就是说，尖端处电荷分布最密，其附近的电场强度最大。
>
> 在一定条件下，导体尖端周围的强电场足以使空气中残留的带电粒子发生剧烈运动，并与空气分子碰撞，从而使空气分子中的正负电荷分离。这个现象称为空气电离。那些与导体尖端的电荷极性相反的带电粒子，由于被吸引而奔向尖端，与尖端上的电荷中和，这相当于导体从尖端失去电荷，这种现象称为尖端放电。
>
> 避雷针在带电雷雨云所激发电场的作用下，其近端因静电感应也带上了与雷雨云相反的电荷。当雷雨云的带电强度足够大时，与避雷针之间形成巨大的电势差，避雷针尖端放电，击穿两者之间的空气，形成电通路，将雷雨云中的电荷通过避雷针导入大地，从而保障建筑物的安全（图 6.2.8）。古代建筑中的鸱吻，尽管它的尖端未接地，不是合格的避雷针，但在大雨淋湿它时可实现导电，将雷雨云中的电荷导入大地，以此避雷。
>
>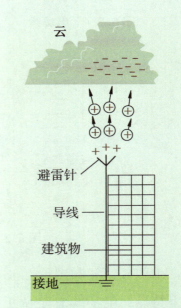
>
> 图 6.2.8 避雷针的工作原理

实践与练习

1. 判断下列说法是否正确。

(1) 电荷在电场中某点所受电场力越大,该点的电场场强越大。

(2) 电场强度的方向与电场力的方向总是相同的。

(3) 沿电场线方向电场强度越来越小。

2. 某区域电场的电场线分布如图 6.2.9 所示,A、B、C 是电场中的 3 个点。

(1) 哪一点的电场强度最强?

(2) 各点电场强度的方向分别指向哪里?

(3) 负电荷在 C 点所受电场力的方向如何?

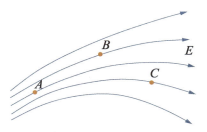

图 6.2.9 某区域电场的电场线分布

3. 真空中有一电场,在这个电场中的某点 P 放一带电荷量为 $q=1.0\times10^{-9}$ C 的正点电荷 A,它受到大小为 2.0×10^{-4} N 的电场力作用。

(1) 求 P 点电场强度的大小。

(2) 带电荷量为 $q=-2.0\times10^{-9}$ C 的负点电荷 B 在 P 点受到的电场力是多大?

4. 查阅资料,了解生产生活中与电场强度相关的知识或应用,完成调研小报告,并在课堂上分享。

6.3 电势能 电势

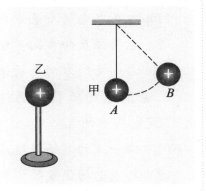

将电荷量为 +q 的小球甲用丝线悬挂在 A 处,当我们将电荷量为 +Q 的小球乙放在小球甲的附近时,在乙的电场作用下,甲从 A 处偏移到 B 处,重力势能增加,根据能量守恒,是什么能量减少了呢?

6.3.1 电场力做功与电势能

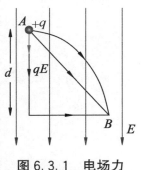

图 6.3.1 电场力做功示意图

如图 6.3.1 所示,在电场强度为 E 的匀强电场中,把电荷量为 +q 的试探电荷沿着不同的路径从 A 点移动到 B 点,试探电荷受到的电场力为恒力。不管它怎样移动,其所受静电力的大小都等于 qE,无论试探电荷经由怎样的路径从 A 点移动到 B 点,电场力所做的功都是相同的。

因此,在匀强电场中移动电荷时,静电力所做的功与电荷的起始位置和终止位置有关,与电荷经过的路径无关。

我们知道,功和能量的变化密切相关。重力做功等于重力势能的减少量,重力做功与路径无关。静电力做功具有跟重力做功一样的特点,即做功与路径无关。研究表明,不仅匀强电场的电场力做功与电荷移动的路径无关,一般静电场的电场力做功也同样与路径无关。

物理学中,将电荷在电场中具有的与位置有关的能量称为**电势能**,用 E_p 表示。电势能是标量,在国际单位制中单位是焦(J)。

电势能和重力势能一样只具有相对意义,电势能的变化量才具有绝对意义。通常我们把电荷在离场源电荷无穷远处的电势能规定为零,或把大地表面上的电势能规定为零。

电场力做功与电势能的变化量之间有何关系?电荷在电场中的电势能大小如何判断呢?

我们知道,在地球表面,只在重力的作用下,高处的物体总是向低处运动。也可以说,物体只在重力的作用下,总是从重力势能大的位置向重力势能小的位置运动。电场中的情况与此类似。

如图 6.3.2（a）所示,在匀强电场中,一个放在 A 点的正电荷,如果它只受电场力 F 的作用,那么它将向 B 点移动。因此,我们可以判断,正电荷在 A 点的电势能大,在 B 点的电势能小。如图 6.3.2（b）所示,在匀强电场中,一个放在 A 点的负电荷,如果它只受电场力 F 的作用,那么它将向 B 点移动。因此,我们可以判断,负电荷在 A 点的电势能大,在 B 点的电势能小。

如果用 W_{AB} 表示电荷由 A 点运动到 B 点电场力所做的功, E_{pA} 和 E_{pB} 分别表示电荷在 A 点和 B 点的电势能,它们之间的关系为

$$W_{AB}=E_{pA}-E_{pB} \quad (6.3.1)$$

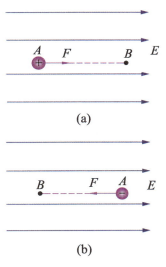

图 6.3.2 正、负电荷在电场中的运动

当 W_{AB} 为正值时, $E_{pA}>E_{pB}$,表明电场力做正功,电势能减少；当 W_{AB} 为负值时, $E_{pA}<E_{pB}$,表明电场力做负功,电势能增加。

方法点拨

类比法是根据两个（或两类）对象之间在某些方面相同（或相似）的特点,推出它们在其他方面也可能相同（或相似）的推理方法。这里我们用物体在重力作用下具有重力势能类比带电体在电场力作用下具有电势能。类比是人脑凭借已知对象的知识对未知对象做出的推测,至于这个推测结果正确与否,还需要进一步的实践和验证。

6.3.2 电势

电势能与电荷所带电荷量和其在电场中的位置有关。研究表明,在一个确定的电场中,不同电荷在场中同一位置的电势能与其电荷量之比是一定的,即

$$\frac{E_{p1}}{q_1}=\frac{E_{p2}}{q_2}=\frac{E_{p3}}{q_3}=\cdots$$

这个比值仅由电场决定,和电场强度一样,它与是否放

入试探电荷无关。可见，与电场强度从电场力的角度描述电场一样，这个比值从能量的角度客观地反映了电场的性质。

我们将电荷在电场中某点的电势能与电荷量的比值称为该点的**电势**，通常用 φ 表示，即

$$\varphi = \frac{E_\text{p}}{q} \tag{6.3.2}$$

电势在数值上等于单位电荷在该点所具有的电势能。在国际单位制中，电势的单位是伏特，简称伏（V）。电势与电势能一样，其数值不具有绝对意义，只具有相对意义。电势的大小与零势能点的选取有关，电势能的零点也是电势的零点，实际生活中常选大地或仪器中公共地线为电势的零点。

电势是标量，只有大小、没有方向，但有正、负之分，电势的正、负只表示比零电势高还是低。若将正试探电荷沿电场线移至无穷远处，电场力做正功，电势能减少，电势降低。因此，沿着电场线方向，电势越来越低。

电场中电势相同的各点构成的面称为**等势面**。在同一个等势面上，任何两点的电势都相等。所以，在同一个等势面上移动电荷时，电场力不做功。由此可知，等势面一定与电场线垂直，即与电场强度的方向垂直。如图 6.3.3 所示是匀强电场和点电荷电场的等势面和电场线（图中虚线为等势面的截面图）。

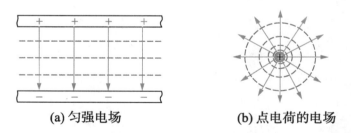

(a) 匀强电场　　　　(b) 点电荷的电场

图 6.3.3　匀强电场和点电荷电场的等势面和电场线

活动

讨论电势能的大小

根据 $E_\text{p} = q\varphi$ 和电场线的特点，讨论一个正电荷（或负电荷）在电势高处的电势能和在电势低处的电势能哪个大。

6.3.3 电势差

电场中任意两点的电势之差，称为这两点的**电势差**。电势差就是人们常说的电压，用 U 表示。如图 6.3.4 所示，设电场中 A、B 两点的电势分别为 φ_A 和 φ_B，则 A、B 两点的电势差为

$$U_{AB}=\varphi_A-\varphi_B \quad (6.3.3)$$

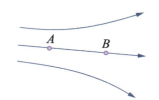

图 6.3.4 电场中 A、B 两点的电势差

在国际单位制中，电势差的单位和电势的单位相同，为伏（V）。

电场中某点电势的大小与零电势点的选取有关，但是两点间的电势差与零电势点的选取无关。

将公式 $W_{AB}=E_{pA}-E_{pB}$ 和 $\varphi=\dfrac{E_p}{q}$ 代入式（6.3.3），电势差又可以表示为

$$U_{AB}=\dfrac{W_{AB}}{q} \quad (6.3.4)$$

6.3.4 匀强电场中电势差与电场强度的关系

电场强度和电势差都是用来描述电场的物理量，它们之间有什么关系呢？在如图 6.3.5 所示的匀强电场中，电场强度为 E，带电荷量为 q 的正电荷从 A 点移动到 B 点，电场力所做的功为

$$W_{AB}=qU_{AB}$$

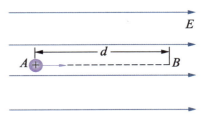

图 6.3.5 电荷在匀强电场中运动

我们也可以利用功的定义式来表示电场力做的功，A 点到 B 点的位移为 d，电场力 $F=qE$，则

$$W_{AB}=Fd=qEd$$

对比 W_{AB} 的两个表达式，E 可表示为

$$E=\dfrac{U_{AB}}{d} \quad (6.3.5)$$

可见，匀强电场的电场强度等于电场中两点间的电势差与这两点沿电场方向的距离的比值。由于电势差的单位是伏（V），距离的单位是米（m），因此我们可以得到电场强度的另一个单位伏/米（V/m）。

例题

汽车火花塞的两个电极间的间隙约为 1 mm，点火感应圈在它们之间产生的电压约为 10^4 V，如果将两电极间的电场近似看作匀强电场，那么间隙间的电场强度多大？

分析 已知电极间的距离 d 和电压 U，根据电场强度和电压的关系式，可求出电场强度的大小。

解 $$E=\frac{U}{d}=\frac{10^4}{0.001}\ \text{V/m}=1.0\times 10^7\ \text{V/m}$$

反思与拓展

汽车出现以下三种情况，可能需要更换火花塞：启动汽车时，发现很难启动甚至启动失败；汽车行驶时，发动机突然抖动剧烈；汽车行驶时，无缘无故出现"耸车"现象。

生活·物理·社会

静电屏蔽

我们知道，处于静电场中的导体会发生静电感应现象。如图 6.3.6 所示，把金属导体放在静电场中，金属内部的自由电子在电场力作用下会发生定向移动，使金属导体的左右两个面带等量异种电荷。导体带电后，导体上的感应电荷会在导体内产生一个附加电场，这个电场与外电场方向相反。当导体上的电荷分布达到相对静止时，分析可知，这时导体内的电场强度处处为零，达到"静电平衡"状态。

处于静电平衡状态的导体，电荷分布在外表面上，导体是个等势体。虽然处在电场中，但是导体内部的场强为零，就好像导体把外电场遮住一样，而使内部物体不受任何外电场的影响，这种现象称为静电屏蔽。

静电屏蔽有广泛的用处。利用金属壳体或金属网罩就可以达到类似的静电屏蔽

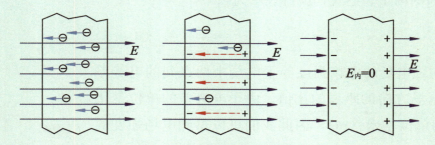

图 6.3.6 静电屏蔽原理图

效果。静电屏蔽使金属导体壳内的仪器或工作环境不受外部电场的影响；当使金属壳体或网罩接地时，也可使内部电场不对外部电场产生影响。有些电子器件或测量设备为了免除静电干扰，就会利用静电屏蔽，如室内高压设备罩上接地的金属罩或较密的金属网罩，电子管用金属管壳，电测量仪器中某些连接线的绝缘层外包有一层金属丝网作为屏蔽，等等。

实践与练习

1. 判断下列说法是否正确。
(1) 正电荷沿着电场线方向运动，电势能增大。
(2) 负电荷沿着电场线方向运动，电势能不变。
(3) 沿电场线方向电势越来越低。

2. 如图 6.3.7 所示是一个负电荷激发的电场，A、B 为电场中的两点。请与同学们讨论：
(1) A、B 两点哪点电势高？
(2) 正电荷在哪点电势能大？
(3) 负电荷在哪点电势能大？

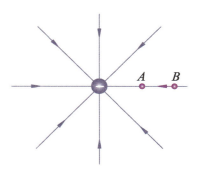

图 6.3.7 负电荷的电场

3. 在如图 6.3.8 所示的匀强电场中，已知 M、N 两点间的电势差 $U_{MN}=6$ V，距离 $d=2$ cm，该匀强电场的电场强度 E 为多大？

4. 查阅资料，用静电棒以及生活中的材料做一个竖直方向上的跳跳球实验，体会电场力做功、电势能、场强与电势差的关系。

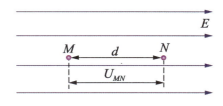

图 6.3.8 匀强电场

6.4 恒定电流　闭合电路欧姆定律

日常生活中，手机、相机、汽车等都离不开电池。不同的是，有的电池使用的时间长，有的电池使用的时间短。某电池上标出 3 100 mA·h，你知道它的含义吗？

6.4.1 电路与恒定电流

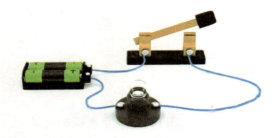

图 6.4.1　简单电路实物图

如图 6.4.1 所示是由电源（电池）、用电器（小灯泡）、开关、导线组成的简单电路。电源提供电能，用电器消耗电能，导线提供电流通道，起到输送电能的作用，开关控制电路的通、断，若开关闭合，电路中即有电流通过。

我们知道电荷的定向移动形成电流。在什么条件下自由电荷才会发生定向移动呢？

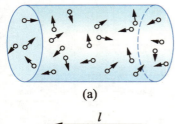

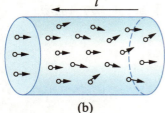

图 6.4.2　电荷的定向移动形成电流

如图 6.4.2（a）所示，当金属导体两端没有电压时，导体中大量的自由电子不停地做无规则的热运动。从宏观上看，导体中的自由电子没有定向移动，没有形成电流。

如图 6.4.2（b）所示，当金属导体的两端接到电源的两极上时，导体两端就有了电压，导体内产生了电场，导体中的自由电子在电场力的作用下发生定向移动，形成电流。

自然界中有正、负电荷，习惯上规定**正电荷定向移动的方向为电流的方向**。在金属导体中，电流的方向与自由电子定向移动的方向相反。

物理学中规定，通过导体横截面的电荷量 q 与所用时间 t 之比称为**电流**，用 I 表示，即

$$I=\frac{q}{t} \tag{6.4.1}$$

在国际单位制中，电流的单位是安培，简称安（A）。常

用的电流单位还有毫安（mA）和微安（μA），它们与安培（A）的关系是

$$1 \text{ mA} = 10^{-3} \text{ A}$$

$$1 \text{ μA} = 10^{-6} \text{ A}$$

电流的方向不随时间改变的电流称为**直流**。电流的强弱和方向都不随时间改变的电流称为**恒定电流**。一般所说的直流，常指恒定电流。

> **信息快递**
>
> 在金属导体中有大量的自由电子，这些电子是金属导体内的自由电荷。一般情况下，金属导体中的自由电子大约以 10^5 m/s 的速率做永不停息的无规则热运动，做热运动的自由电子向各个方向运动的机会均等，从宏观上看，不会形成电流。

6.4.2　电源与电动势

电路中的电流离不开电源。电源是电路中提供电能的设备，它的作用是将其他形式的能量转化为电能。电源的种类很多，如电池、发电机等。电池是将化学能转化为电能的装置，水力、风力发电站是将机械能转化为电能的设备。

不同的电源将其他形式的能转化为电能的本领不同，物理学中用电动势来衡量电源将其他形式的能转化成电能的本领大小。电动势越大，表示这个电源将其他形式的能量转化为电能的本领越大。

电动势用 E 来表示，电动势的单位与电压的单位相同，也为伏（V）。例如，每节干电池的电动势为 1.5 V，单个蓄电池的电动势为 2 V。电源电动势的大小由电源本身的性质决定，与电源是否接入电路无关。

活动

制作水果电池

如图 6.4.3 所示，准备三个柠檬，将铜片和锌片分别插入每一个柠檬中（注意铜片和锌片不能接触）。再用导线将中间相邻的铜片和锌片用导线连接起来，两侧的锌片和铜片分别接出一根长一点的导线。最后将两侧的导线接到 LED 灯的正极和负极上（注意铜片接 LED 灯的正极，锌片接 LED 灯的负极）。观察发生的现象。以小组为单位，讨论实验中使 LED 灯发光的电能来自哪里。

图 6.4.3　水果电池

水果电池将化学能转变成了电能,但其能量转换效率较低,一般应用于实验演示。生活中我们需要更高效的电池,如移动电源,也称充电宝。充电宝是一种集充电和供电功能于一体的便携式充电器,它的容量大小常用 mA·h(毫安时)表示。例如,某款"充电宝"的标称容量为 20 000 mA·h,表示它能够以 10 mA 的电流放电 2 000 h,或以 200 mA 的电流放电 100 h。

6.4.3 闭合电路欧姆定律

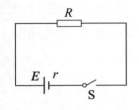

图 6.4.4 闭合电路

闭合电路是指由电源、用电器和导线等组成的完整回路,或称为全电路。如图 6.4.4 所示,闭合电路由两部分组成:一部分是电源外部的电路,称为外电路,包括用电器和导线;另一部分是电源内部的电路,称为内电路。外电路的电阻称为外电阻,外电阻两端的电压称为外电压(或路端电压)。内电路也有电阻,通常称为电源的内电阻,简称内阻。

电路中提供电能的装置是电源。消耗电能的元件有两部分,分别是外电阻 R 和内阻 r。从能量守恒的角度分析,电源提供的能量等于内、外电阻消耗的能量。进一步分析可得,在闭合电路中,电源电动势等于外电路电压和内电路电压之和,即

$$E = U_{内} + U_{外} \quad (6.4.2)$$

在如图 6.4.4 所示的闭合电路中,电流为 I,外电阻为 R,内阻为 r,电动势为 E。由欧姆定律(导体中的电流 I 与导体两端的电压 U 成正比,与导体的电阻 R 成反比)可知,$U_{外} = IR$,$U_{内} = Ir$,代入式(6.4.2),得

$$E = IR + Ir \quad (6.4.3)$$

整理可得,闭合电路中的电流为

$$I = \frac{E}{R + r} \quad (6.4.4)$$

式(6.4.4)表明,闭合电路中的电流与电源的电动势成正比,与内、外电阻之和成反比,这个结论称为**闭合电路欧姆定律**。相应地,初中学习的欧姆定律称为部分电路欧姆定律。

6.4.4 路端电压与外电阻的关系

> **活动**
>
> ### 探究路端电压与外电阻的关系
>
> 按如图 6.4.5 所示连接电路,实验中当改变滑动变阻器的电阻 R 时,电压表所示的路端电压 U 也随着改变。当 R 增大时,U 增大;当 R 减小时,U 减小。试用闭合电路欧姆定律来解释路端电压与外电阻的关系。

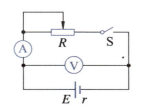

图 6.4.5 实验电路图

由实验可知,路端电压随外电阻的改变而改变,因此,内电压也随外电阻的改变而改变。

如果把外电路断开(称为开路或断路),相当于外电阻 $R \to \infty$,则电路中的电流 $I=0$,电源内阻上的电压 $U_内=0$,这时的路端电压和电动势相等。这是粗略测量电源电动势的方法之一。

如果把电源的两端用导线相连(称为短路),此时外电阻 $R=0$,而电路中的电流为

$$I = \frac{E}{r} \qquad (6.4.5)$$

此电流称为短路电流。由于一般电源的内阻都很小,因此外电路短路时产生的电流很大,不仅会烧毁电源,甚至还可能引起火灾。因此,为了避免短路,必须在电源输出部分安装熔断器,当电源的输出电流超过熔断器的额定电流时,熔断器可以切断电源输出,从而保护电源。

> **信息快递**
>
> 熔断器是一种常见的保险设备,其内装有熔丝(俗称保险丝),每种熔丝都有额定电流。当电路中的电流超过一定值(通常为额定电流值的 1.5～2 倍)时,电流的热效应就会使熔丝熔断,从而起到切断电流、保护电路及用电器的作用。

> **例题**

在一个闭合电路中,已知电源的电动势 $E=1.5$ V,内阻 $r=0.2$ Ω,外电阻 $R=2.8$ Ω。问电路中的电流和路端电压各是多少?

分析 已知电源电动势和内、外电阻,根据闭合电路欧姆定律可求出电路中的电流。根据路端电压等于电流乘以外电阻,可求出路端电压。

解 根据闭合电路欧姆定律，有

$$I = \frac{E}{R+r} = \frac{1.5}{2.8+0.2} \text{ A} = 0.5 \text{ A}$$

路端电压即外电路两端的电压，为

$$U_{外} = IR = 0.5 \times 2.8 \text{ V} = 1.4 \text{ V}$$

反思与拓展

（闭合电路）欧姆定律的发现在电学史上具有里程碑的意义，给电学的计算带来了很大的方便。但欧姆的研究成果最初公布时，并没有引起科学界的重视，甚至还受到一些人的攻击。有人安慰他说："请您相信，在乌云和尘埃后面的真理之光最终会透射出来，并含笑驱散它们。"最终欧姆的工作得到了科学界普遍的承认。

  生活·物理·社会

可折叠的太阳能电池

太阳能电池是将太阳能直接转化成电能的设备，目前我国是最大的光伏产品制造国。单晶硅太阳能电池是当前开发最快的一种太阳能电池，具有使用寿命长、制备工艺完善以及转化效率高的优点，是光伏市场的主导产品。2023年，我国科研人员开发了一种边缘圆滑处理技术，基于该技术研发的柔性单晶硅太阳能电池，薄如纸，厚度仅为 60 μm，而且可以像纸一样进行弯曲、折叠，如图6.4.6所示。这种柔性太阳能电池可以广泛应用于建筑、背包、帐篷、汽车、帆船甚至飞机上，为房屋、各种便携式电子及通信设备、交通工具等提供轻便的清洁能源。

图6.4.6 可折叠的太阳能电池

 实践与练习

1. 判断下列说法是否正确。

（1）闭合电路中的电流随外电阻的变化而变化。

（2）外电阻越大，外电压越大。

（3）不论外电阻如何变化，内电压都不改变。

2. 已知电源的电动势 $E=1.5$ V，内阻 $r=0.10$ Ω，外电路的电阻 $R=1.4$ Ω，求电路中的电流 I 和路端电压 U。

3. 许多人造卫星都用太阳能电池供电，太阳能电池由许多片电池板组成。某电池板的开路电压为 600 μV，短路电流为 30 μA，求这块电池板的内阻。

4. 查阅资料，了解新能源汽车电池的研究方向和新能源汽车的发展前景，并在课堂上进行介绍、交流。

6.5 学生实验：用多用表测量电学中的物理量

【实验目的】

（1）了解多用表的结构和使用方法。
（2）使用多用表测量电路元件的电阻、直流电流、直流电压、交流电压。

【实验器材】

多用表、不同阻值的电阻、学生电源、小灯泡、滑动变阻器、开关、导线等。

【实验步骤】

1. 实验准备

观察指针式多用表，熟悉基本操作方法。测量前，应先检查指针是否指零，即指针、零刻度、镜面中指针的虚像应在一条直线上。如果指针没有指零，要用螺丝刀轻轻地转动表盘下面中间的机械调零旋钮，使指针指零。将红表笔和黑表笔分别插入正（＋）、负（－）表笔插孔。

2. 测量电阻

（1）检查多用表指针是否仍在左端零刻度；将黑、红表笔短接，调节欧姆调零旋钮，使指针指在右端电阻零刻度处。

（2）估测待测电阻的电阻值，将多用表的选择开关旋至合适倍率的欧姆挡。欧姆挡的量程有×1、×10、×100、×1 k等，测量前根据被测电阻值，调整多用表的选择开关，选择适当的量程，一般以电阻刻度的中间位置接近被测电阻值为宜。电阻值的读数在刻度线上顶端的第一条线。

（3）将表笔接在待测电阻两端，如图6.5.1所示，读出电阻的数值，并将其记录于表6.5.1中。

注意：测量时待测电阻应与别的元件和电源断开，手不要碰到表笔的金属触针，以保证人身安全和测量准确。

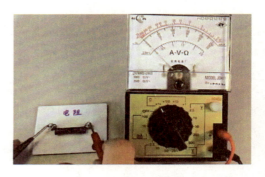

图6.5.1 用多用表测电阻

表 6.5.1　电阻读数

实验序号	R/Ω
1	
2	
3	
平均值	

3. 测量直流电压

（1）将直流电源（6 V）、小灯泡（6.3 V、0.2 A）、滑动变阻器和开关用导线连接成一个电路，如图 6.5.2 所示。

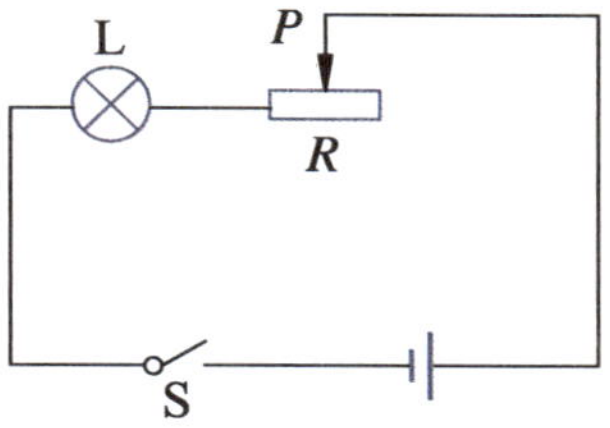

（2）观察多用表指针是否在零刻度。若不在零刻度，则用螺丝刀转动机械调零旋钮，使指针停于左端零刻度。

（3）将多用表的选择开关旋至直流电压 10 V 挡（选择的挡位一定要大于电源的电压值）。将两表笔分别接触灯泡两端的接线柱，先让小灯泡正常发光，调节滑动变阻器，读出小灯泡两端的电压，并将其记录于表 6.5.2 中。

图 6.5.2　实验电路图

表 6.5.2　直流电压读数

实验序号	U/V
1	
2	
3	
平均值	

4. 测量直流电流

参照如图 6.5.2 所示的实验电路图，写出用多用表测量小灯泡工作时电流值的实验步骤，并完成相关操作。

5. 测量交流电压

（1）由于交流电源没有固定的正、负极，所以表笔不需要分正、负。

（2）将多用表的选择开关置于交流电压 250 V 挡，在老师的监督下，分别将两表笔插入电源插座的两个插孔，测量市电的交流电压，读出交流电压的数值，并将其记录于表 6.5.3 中。

表 6.5.3　交流电压读数

实验序号	U/V
1	
2	
3	
平均值	

注意：实验完成之后，将表笔从插孔拔出，并将选择开关旋到"OFF"位置或交流电压最高挡；若长期不用，应取出电池。

【交流与评价】

（1）用多用表测量电阻时应注意哪些方面？为什么测量电阻时要进行电阻调零？测量时可能导致误差的因素有哪些？

（2）与小组成员讨论，用多用表测量电压时，为什么要选择大于估测值的挡位？如果选择了较小的挡位，会产生什么后果？实验中怎样避免这种后果的产生？

（3）想一想，用多用表测量时，为什么要将红表笔接到电源正极的一端，黑表笔接到电源负极的一端？

生活·物理·社会

测谎仪和体脂秤的原理——测量人体的电阻

利用测谎仪可以测试人是否说谎。测谎仪是根据什么原理测试的呢？现代科学证实，人在说谎时生理上会发生一些变化，有一些肉眼可以观察到，如出现抓耳挠腮、腿脚抖动等一系列不自然的人体动作。还有一些生理变化是不易察觉的，如呼吸速率和血容量异常，出现呼吸抑制和屏息现象；脉搏加快、血压升高、血输出量增加及成分变化，导致面部、颈部皮肤明显苍白或发红；皮下汗腺分泌增加，导致皮肤出汗，手指和手掌出汗尤其明显；眼睛瞳孔放大；胃收缩，消化液分泌异常，导致嘴、舌、唇干燥；肌肉紧张、颤抖，导致说话结巴。这些生理变化由于受自主神经系统的支配，一般不受人的意识控制，而是自主地运动。这一切都逃不过测谎仪的"眼睛"。据测谎专家介绍，测谎一般从三个方面测定一个人的生理变化，即脉搏、呼吸和皮肤电阻（简称"皮电"）。其中，皮电最敏感，是测谎的主要根据，通常情况下就是它"出卖"了你心里的秘密。

如图 6.5.3 所示是测量脂肪百分比的体脂秤,也是通过将微弱的电流流过身体并测量电阻来估计一个人的脂肪百分比。一台普通的体脂秤有四个电极,当人站上去后,电极片会发出微弱的电流流过人的身体。这些电流会通过水分传导,人体内的非脂肪组织含水量高、电阻很低,而脂肪含水量低、电阻很高,所以电流主要会通过非脂肪组织。电抗则是通过体脂秤发出的 50 Hz 的高频电流穿透细胞膜,同时测得细胞内、外液体含水量,进而得出体内的总含水量。这两个值测出来后,体脂秤就会根据内置算法,结合你的身高、年龄、体重等数据,算出你的体脂率。

图 6.5.3 体脂秤

 实践与练习

1. 请按照实验内容完成"用多用表测量电学中的物理量"的实验报告。

2. 查阅资料,了解一项自己感兴趣的多用表的其他功能,写一篇研究小报告,说明该项功能及使用方法,课堂上与同学们交流。

6.6 电功与电功率

人们制造出各种用电器，通过电流做功，把电能转换为其他形式的能。例如，电流可以使电炉丝发热，使电动机转动，使灯泡发光，还可以给蓄电池充电等。在各种用电过程中，电能转化为其他形式的能的过程就是电流做功的过程，怎样计算电流所做的功呢？有的灯泡上标有"220 V 40 W"字样，有的复印机上标有"220 V 1 200 W"字样，这些数字和符号代表什么意思？

6.6.1 电功 电功率

通过初中物理的学习，我们知道电热水壶通电时，电能转化为内能；电动机通电时，电能转化为机械能。电能转化为其他形式的能是通过电流做功来实现的。

在导体两端加上电压，导体内就建立了电场，自由电荷在电场力的作用下发生定向移动，电场力对自由电荷做功。如果导体两端的电压为U，电场力所做的功$W=qU$，通过导体任一横截面的电荷量$q=It$，那么电场力做功可表示为

$$W=UIt \tag{6.6.1}$$

在电路中，电场力所做的功通常称为**电流做功**，简称**电功**。式（6.6.1）表示，电流在一段电路上所做的功等于这段电路两端的电压U、电路中的电流I和通电时间t三者的乘积。在国际单位制中，U、I、t的单位分别是伏（V）、安（A）、秒（s），电功W的单位是焦（J）。

不同的用电器电流做功的快慢不一定相同。我们把单位时间内电流所做的功称为**电功率**，用P表示，则$P=\dfrac{W}{t}$，代入式（6.6.1），得

$$P=UI \tag{6.6.2}$$

式中，U、I的单位分别是伏（V）、安（A），功率P的单位

是瓦（W）。

电功率是衡量用电器做功快慢的物理量。在电气设备或家用电器的铭牌上都会标明额定电压和额定功率。例如，标有"220 V 40 W"的白炽灯泡，表明接在 220 V 的电源上，功率为 40 W。电压过高时，用电器的实际功率会大于额定功率，有烧毁的危险；电压过低时，用电器不能正常工作，甚至难以启动。因此，用电器的额定电压必须与电源的电压保持一致。

例 1

一个接在 220 V 电压的电路中的电炉，正常工作时通过的电流是 3 A，问：

（1）电炉的额定功率是多少？通电 2 h 消耗多少电能？

（2）如果将电炉接在 110 V 的电路中，假定电炉中电阻丝的电阻不变，则电炉的实际功率是多少？

分析 额定功率等于电压与电流的乘积，消耗的电能等于电流做的功。接入不同电压时，电阻不变，根据部分电路欧姆定律，可求出实际电流。实际功率等于实际电压与实际电流的乘积。

解 （1）电炉的额定功率为

$$P = UI = 220 \times 3 \text{ W} = 660 \text{ W}$$

通电 2 h 消耗的电能为

$$W = UIt = 220 \times 3 \times 7\ 200 \text{ J} \approx 4.75 \times 10^6 \text{ J}$$

（2）电阻丝的电阻可由欧姆定律计算得出，即

$$R = \frac{U}{I} = \frac{220}{3} \text{ Ω}$$

接入 110 V 的电路时，电路中的电流为

$$I_\text{实} = \frac{U_\text{实}}{R} = \frac{110}{\frac{220}{3}} \text{ A} = 1.5 \text{ A}$$

电炉的实际功率为

$$P_\text{实} = U_\text{实} I_\text{实} = 110 \times 1.5 \text{ W} = 165 \text{ W}$$

反思与拓展

用电器只有在额定电压下，电功率才会是额定功率。如果电压发生变化，实际功率也会发生变化。

6.6.2 焦耳定律 电热功率

电流流过导体时，导体会发热，这种现象称为**电流的热效应**。电热水壶、电饭煲和电热水器等都是利用电流的热效应工作的。

英国物理学家焦耳通过实验指出，电流通过导体时产生的热量与电流的二次方、导体的电阻和通电时间都成正比，这就是我们初中学过的**焦耳定律**。其数学表达式为

$$Q = I^2 R t \qquad (6.6.3)$$

如果用电器是纯电阻（白炽灯、电炉等），电流所做的功将全部转换成热量，即 $W = Q$。如果用电器是非纯电阻（电动机、电风扇等），电流所做的功除部分转化为热量外，还要转化为机械能、化学能等，则 $W \neq Q$。

单位时间内电流产生的热量，通常称为**电热功率**。电热功率 P_Q 可表示为

$$P_Q = I^2 R \qquad (6.6.4)$$

活动

探究电动机中电能的转化

如图 6.6.1 所示的电路中，先固定电动机 M，不让它转动，测量电动机两端的电压和通过电动机的电流，计算电动机的电阻。然后让电动机转动，再次测量电压和电流，比较电动机 M 在转动与不转动两种状态下电动机的电热功率、电功率与机械功率（电功率与电热功率之差）。

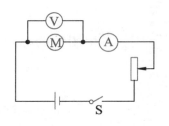

图 6.6.1 实验电路图

由实验可知，当电动机不转动时，消耗的电能全部转化为内能，可视为纯电阻电路，由欧姆定律可求得电动机的电阻；当电动机转动时，消耗的电能一部分转化为电动机因发热所具有的内能（电热损耗），另外一部分转化为电动机转动所具有的机械能。在实际应用中，应当尽量减少电热损耗。

例2

加在内阻 $r=2\ \Omega$ 的电动机上的电压为 110 V，通过电动机的电流为 5 A。求：

（1）电动机消耗的电功率 P；

（2）电动机消耗的电热功率 P_Q；

（3）电动机的效率 η。

分析　已知电压和电流，可根据 $P=UI$ 计算出电功率，根据 $P_Q=I^2r$ 求出电热功率。电动机的效率为机械功率（有用功率）在总功率（电功率）中的占比。

解　（1）电动机消耗的电功率 P 为
$$P=UI=110\times5\ \text{W}=550\ \text{W}$$

（2）电动机消耗的电热功率 P_Q 为
$$P_Q=I^2r=5^2\times2\ \text{W}=50\ \text{W}$$

（3）电动机的效率 η 为
$$\eta=\frac{P-P_Q}{P}\times100\%=\frac{550-50}{550}\times100\%\approx91\%$$

反思与拓展

我国的能源供给和消耗极不均衡，绝大多数能源供给集中在西部，而用电集中在东部，一般利用高电压将西部的电输送至中东部。为什么要用高压输电呢？这样设计的优点是减小线路中的电流，从而减少输电线上的电能损耗。

实践与练习

1. 了解 3 种常用家电铭牌参数信息，估算耗电量，讨论从节能环保角度如何挑选用电器。

2. 日常使用的电功的单位是千瓦·时（kW·h），俗称度。1 kW·h 等于功率为 1 kW 的用电器在 1 h 内所消耗的电功。1 kW·h 等于多少焦？一只标有"220 V　40 W"的电灯，每天使用 5 h，30 天用了多少度电？

3. 充电宝内部的主要部件是锂电池。充电宝中的锂电池在充电后，相当于一个电源，可以给手机充电。充电宝的铭牌通常标注的是"mA·h"（毫安时）的数量，即锂电池充满电后全部放电的电量。机场规定，严禁携带额定电量超过 160 W·h 的充电宝搭乘飞机。某同学查看了自己的充电宝铭牌，上面标着 10 000 mA·h 和 37 V，你认为能否把它带上飞机？

4. 想一想，为什么学校不允许使用违规用电器？分析使用违规用电器的危害。

6.7 能量转化与守恒

用电器在现代生活中随处可见，如电灯、电视、电热水壶、电动汽车等。你知道这些用电器中的能量是怎样转化的吗？

6.7.1 电路中的能量转化

焦耳定律讨论了电路中电能完全转化为内能的情况，但是实际中有些电路除了含有电阻外，还含有其他负载，如电动机。

当电风扇中的电动机接上电源后，会带动风扇转动，从能量转化的角度看，电动机从电源获得能量，让风扇转动了起来，电能转化为机械能，同时电动机外壳会发热，说明电动机将一部分电能转化为了内能。

同样，对于正在充电的电池，电能除了转化为化学能外，还有一部分转化为内能。

6.7.2 能量守恒定律

不同的物质有不同的运动形式，每种运动形式都有一种对应的能量，与机械运动对应的是机械能，与热运动对应的是热力学能（内能），与其他运动形式对应的还有电能、磁能、光能、核能、化学能等。

通过对机械运动的研究发现，物体的动能和势能可以互相转化，在一定的条件下机械能守恒。通过对其他运动形式的研究发现，其他形式的能也可以互相转化，如发电机发电可将机械能转化为电能。

19世纪中叶，迈耶、焦耳和亥姆霍兹等科学家经过长期的实验探索，共同归纳出如下规律：**能量既不会凭空产生，**

也不会凭空消失，它只能从一种形式转化为另一种形式，或者从一个物体转移到另一个物体，在转化和转移的过程中其总量保持不变。这就是**能量守恒定律**。这是自然界中具有普遍意义的定律之一，也是各种自然现象都遵循的普遍规律。

能量守恒定律的发现使人们进一步认识到，任何机器，只能使能量从一种形式转化为另一种形式，而不能无中生有地制造能量，因此永动机是不可能造成的。

6.7.3 能量的耗散

把刚煮好的热鸡蛋放在冷水中，过一会儿，鸡蛋的温度降低，水的温度升高。最后水和鸡蛋的温度相同。是否可能发生这样的现象：原来温度相同的水和鸡蛋，过一会儿水的温度自发地降低，而鸡蛋的温度上升？

这一现象并不违反能量守恒定律，但是这样的过程为什么不存在呢？科学家研究发现，一切与热现象有关的宏观自然过程都是不可逆的。例如，假设达到相同温度的鸡蛋和水能自发地变成热鸡蛋和冷水，那么原来的过程就是可逆的。但事实上这个过程是不可逆的。虽然能量是守恒的，但在自然界中能量的转化过程有些是可以自然发生的，有些则不能。

例如，电池中的化学能转化为电能，电能又通过灯泡转化为内能和光能，热和光被其他物质吸收之后变成周围环境的内能，我们很难把这些内能收集起来重新利用。这种现象称为**能量的耗散**。能量的耗散是从能量转化的角度反映出自然界中的宏观过程具有方向性。

能量的耗散表明，在能源的利用过程中，能量在数量上虽未减少，但在可利用的品质上降低了，从便于利用的能源变成不便于利用的能源。这是能源危机的深层次的含义。自然界的能量虽然守恒，但还是要节约能源。

6.7.4 能源与可持续发展

能源是人类社会活动的物质基础。然而，煤炭和石油资源是有限的。大量煤炭和石油产品在燃烧时产生的气体改变了大气的成分，甚至加剧了气候的变化。例如，石油和煤炭的燃烧增加了大气中二氧化碳的含量，由此加剧了温室效应，使得两极的冰雪融化，海平面上升……再如，石油和煤炭中常常含有硫，燃烧时形成的二氧化硫等物质使雨水的酸度升高，形成酸雨，腐蚀建筑物，酸化土壤等。内燃机工作时的高温使空气和燃料中的多种物质发生化学反应，产生氮的氧化物和碳氢化合物。这些化合物在大气中受到紫外线的照射，产生二次污染物质——光化学烟雾。这些物质有毒，可能导致人发生多种疾病。燃烧时产生的浮尘也是主要的污染物。

随着人口的迅速增长、经济的快速发展以及工业化程度的提高，能源短缺和过度使用化石能源带来的环境恶化已经成为关系到人类社会能否持续发展的大问题。人类的生存与发展需要能源，能源的开发与使用又会对环境造成影响。可持续发展的核心是追求发展与资源、环境的平衡：既满足当代人的需求，又不损害子孙后代的需求。这就需要树立新的能源安全观，并转变能源的供需模式。一方面要大力提倡节能，另一方面要发展可再生能源以及天然气、清洁煤和核能等在生产及消费过程中对生态环境的污染程度低的清洁能源，推动人与自然的和谐发展。

中国工程

全球首座第四代核电站

2023年12月6日，国家重大科技专项标志性成果、全球首座第四代核电站——华能石岛湾高温气冷堆核电站示范工程（图6.7.2）正式投入商业运行，标志着我国在第四代核电技术研发和应用领域达到世界领先水平。

图6.7.2 华能石岛湾高温气冷堆核电站示范工程

该示范工程位于山东省荣成，于2012年12月正式开工，由中国华能联合清华大学、中核集团共同建设，具有完全自主知识产权。高温气冷堆是国际公认的第四代先进核电技术，最突出的优势是具有"固有安全性"，即在丧失所有冷却能力的情况下，不采取任何干预措施，反应堆都能保持安全状态，不会出现堆芯熔毁和放射性物质外泄。在发电、热电冷联产及高温供热等领域商业化应用前景广阔。

该示范工程集聚了设计研发、工程建设、设备制造、生产运营等产业链上、下游500余家单位，先后攻克了多项世界级关键技术，设备国产化率达到93.4%，首台（套）设备2 200多台（套），创新型设备600多台（套）。该示范工程的投产，对促进我国核电安全发展、提升核电科技创新能力水平等具有重要意义。

物理与职业

电 工

电工是指使用工具、量具与仪器、仪表，安装、调试与维护、修理机械设备电气部分和电气系统线路及器件的人员。他们需要熟练使用多用表、示波器等电子测试设备，及时进行电路的检修与保养工作。除了满足人们的日常用电需求外，电工还可以保障社会生产的安全运行，减少电气事故的发生。

我国的电工职业共设五个等级，分别为五级/初级工、四级/中级工、三级/高级工、二级/技师、一级/高级技师，对技能要求和相关知识要求依次递进。除了需要具备扎实的专业知识与技能外，一名优秀的电工还需要拥有认真负责、吃苦耐劳、勇于创新的职业精神。随着信息技术的日新月异，我国对电工人才的需求不断增长，因此电工这一职业具有深远的发展空间。

实践与练习

1. 生活中的许多用电器都可以看作能量转化器，它们把能量从一种形式转化为另一种形式。请观察你家中的各种用电器，分析它们工作时进行了哪些能量转化。

2. 根据能量的耗散知识，分组讨论我们在生活中可以怎样节约能源，并在课堂上分享。

3. 查阅资料，研究能源消耗带来的温室效应、酸雨等环境问题，了解新能源的发展，完成调研报告。

小结与评价

内容梳理

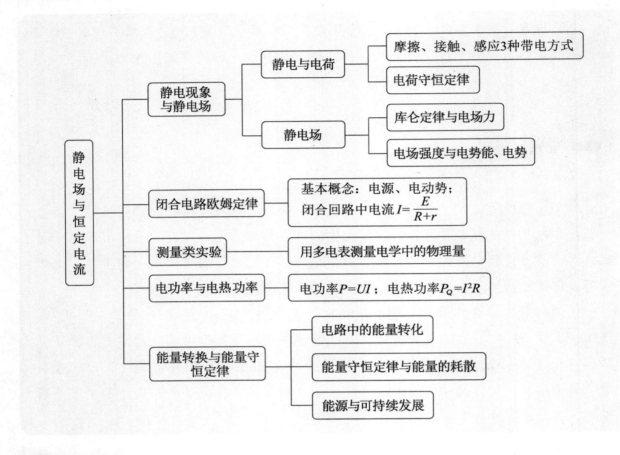

问题解决

1. 场是物理学中的重要概念。除了电场外,还有引力场等。物体之间的万有引力就是通过引力场产生作用的。地球附近的引力场称为重力场。依照电场强度的定义,你认为应该怎样定义重力场强度的大小和方向。

2. 在燃气灶上常常安装电子点火器,用电池接通电子线路产生高电压,通过高压放电的电火花来点燃气体。我们看到点火器的放电电极做成了针尖状。为什么放电电极要做成针尖状而不是圆头状呢?与此相反,验电器的金属杆上端却做成金属球而不做成针尖状,为什么?

3. 电路不通是用电器常见的故障,利用多用表可以很方便地判断线路的通断。如果你身边没有多用表,请你设计一种能快速判断电路通断的装置。

4. 既然能量不会凭空产生,也不会凭空消灭,能量在转化和转移的过程中,其总量是保持不变的。那么,我们为什么还要节约能源呢?

第 7 章
电与磁

美丽的极光被称作"奇迹之光",它出现在地球两极附近,是由来自地球磁层或太阳的高能带电粒子流使高层大气分子或原子激发或电离而产生的。本章在初中物理的基础上,进一步阐述磁场的描述方法,磁场力的作用规律,电磁感应现象、规律及其在技术中的应用,电磁振荡、电磁波与电磁波谱。

主要内容

◎ 磁场　磁感应强度
◎ 安培力
◎ 学生实验:制作简易直流电动机
◎ 电磁感应
◎ 电磁感应现象的应用
◎ 电磁振荡　电磁波

7.1 磁场 磁感应强度

《吕氏春秋·精通》中有"慈石（磁铁）召铁，或引之也"的记载，这表明在春秋战国时期人们已经探索出磁铁具有吸铁性质。后人利用磁铁制作出的指南针广泛运用于船舶导航，直接推动了欧洲的航海活动和地理大发现。1731年，一名英国商人发现，雷电过后，他的一箱刀叉竟然如同磁铁一样具有磁性。电与磁之间是否有联系？如果有，又是怎样联系的？

7.1.1 磁场

磁铁能够吸引铁、钴、镍等物质。当两个磁铁相互靠近时，它们会产生相互作用：同名磁极相互排斥，异名磁极相互吸引（图7.1.1）。这种相互作用（磁力）不仅当磁铁彼此接触时存在，而且在它们隔开一定距离时也存在。为什么磁体间没有接触也会产生相互作用？这是因为在磁体周围空间存在一种特殊物质——**磁场**，磁场能够对磁体产生力的作用，从而使磁体与磁体间相互吸引或排斥。

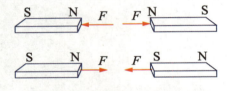

图 7.1.1　磁极间的相互作用

磁场尽管看不见、摸不着，但它与电场类似，都是不依赖于我们的感觉而客观存在的物质，并且也都是在跟别的物体发生相互作用时表现出自己的特性。

7.1.2 磁力线

小磁针有两个磁极，它在磁场中静止后就会显示出这一点的磁场对小磁针N极和S极作用力的方向。物理学中把小磁针静止时N极所指的方向规定为该点磁场的方向。实验中我们常用铁屑的分布来反映磁场的分布。

> 活动
>
> 模拟条形磁铁磁场的分布
>
> 将条形磁铁放置在水平玻璃板下方，在玻璃板上均匀地撒上细铁屑，轻轻敲击玻璃板，观察铁屑在磁场作用下的排列情况；用小磁针代替铁屑放置在条形磁铁周围任意一点，观察该点处磁场的方向。

当轻轻敲击玻璃板后，我们发现铁屑在磁场作用下按一定规律排列起来（图 7.1.2），如图 7.1.3 所示是用铁屑显示的条形磁铁磁场空间分布情况。为了形象地描绘磁场，根据铁屑在磁场中的排列情况，在磁场中画一系列带箭头的曲线，使曲线上每一点的切线方向与该点的磁场方向一致，这些曲线就称为**磁力线**。条形磁铁和蹄形磁铁周围的磁力线分别如图 7.1.4 和图 7.1.5 所示。

图 7.1.2 条形磁铁磁场的平面分布情况

图 7.1.3 条形磁铁磁场的空间分布情况

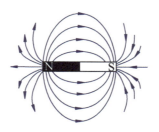

图 7.1.4 条形磁铁周围的磁力线

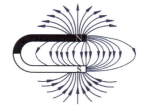

图 7.1.5 蹄形磁铁周围的磁力线

磁力线是不相交的闭合曲线，磁体外部磁力线从 N 极出发，到达 S 极；磁体内部磁力线从 S 极到 N 极。磁力线上任一点的切线方向就是该点的磁场方向。

7.1.3 磁通量　磁感应强度

用小磁针可以判断空间某点磁场的方向，但很难对它进行进一步的定量分析。我们应该如何定量地描述磁场的强弱呢？

与用电场线的疏密表示电场强弱一样，用磁力线的疏密程度可以描述磁场的强弱。磁力线密集的地方磁场强，磁力线稀疏的地方磁场弱。如图 7.1.4 所示，条形磁铁两极附近

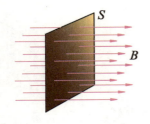

图 7.1.6 与磁力线方向垂直的平面

的磁力线比较密集，磁场比较强；条形磁铁其他地方的磁力线比较稀疏，磁场比较弱。

为了定量地描述磁场的强弱，我们引入一个新的物理量——**磁通量**。如图 7.1.6 所示，在分布均匀的磁场中，一平面与磁力线方向垂直，我们把穿过该平面的磁力线的条数称为穿过这个平面的磁通量，用 Φ 表示。磁场越强，磁力线越密，穿过单位面积的磁力线的条数就越多。在国际单位制中，磁通量的单位是韦伯，简称韦（Wb），面积的单位是平方米（m²）。

物理学中，把垂直穿过某平面的磁通量与该平面的面积之比称为**磁感应强度**，用 B 表示。磁场中某处磁感应强度的大小表示该处磁场的强弱，即

$$B=\frac{\Phi}{S} \qquad (7.1.1)$$

磁感应强度的单位是特斯拉，简称特（T），则 1 T＝1 Wb/m²。高斯也是一种常用来表示磁感应强度的单位，符号为 G，1 G＝10^{-4} T。

实际情形中，磁场的强弱可以有很大的区别，表 7.1.1 中列出了一些磁场的磁感应强度的大小。

信息快递

如图 7.1.7 所示，当面积为 S 的平面与磁场的方向不垂直时，需要将其投影到垂直于磁场的方向。若平面的法线方向与磁场方向的夹角为 θ，则该平面在垂直于磁场方向上的投影面积 $S'=S\cos\theta$。

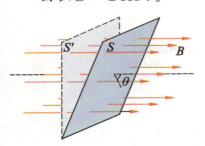

图 7.1.7 平面与磁场方向不垂直

表 7.1.1 一些磁场的磁感应强度的大小

磁场名称	磁感应强度/T
人体器官内的磁场	$10^{-13}\sim10^{-9}$
地球磁场在地面附近的平均值	5×10^{-5}
条形磁铁产生的磁场	约 10^{-2}
太阳黑子的磁场	$10^{-2}\sim10^{-1}$
中子星表面的磁场	约 10^{8}
原子核表面的磁场	约 10^{12}

如果磁场中各点的磁感应强度的大小相等、方向相同，这个磁场称为**匀强磁场**。匀强磁场的磁力线互相平行且疏密均匀。距离很近的两个平行异名磁极之间的磁场（图 7.1.8），除边缘部分外，可以认为是匀强磁场。

匀强磁场是一个常用的物理概念，是一个理想化模型。

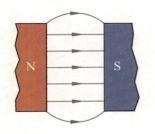

图 7.1.8 两个平行放置的异名永磁体磁极间的匀强磁场

7.1.4 电流的磁效应

人们对电和磁的认识一直是单独的、分开的，直到1820年的奥斯特实验，人们才认识到电和磁具有联系。

> **活动**
>
> 观察奥斯特实验现象
>
> 按图7.1.9所示搭建好实验装置，将一个小磁针以南北方向放置，然后连接好电路，把图中导线放置于小磁针的上方。当有电流流过时，小磁针发生了什么变化？当电流方向改变时，小磁针的变化又如何？

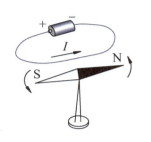

图7.1.9 奥斯特实验

我们发现把一条通电导线平行地放在小磁针的上方，小磁针就会发生偏转。早在1820年，丹麦物理学家奥斯特在授课时无意中发现了这个现象（图7.1.10），并把这个现象命名为**电流的磁效应**。他经过大量研究后得出结论：电流能够产生磁场。正是由于电流产生的磁场对小磁针有力（力矩）的作用，导致小磁针发生了偏转。这个发现首次揭示了电流与磁场之间的联系，此后电学和磁学不再是两个孤立的研究领域，人们在之后的电磁研究中又有了很多重要的发现。

图7.1.10 奥斯特发现电流的磁效应

现在我们知道除磁体能产生磁场外，电流也能产生磁场，如何判断电流周围磁力线的分布和方向呢？

7.1.5 安培定则

将一根直导线垂直穿过一块水平硬纸板（图7.1.11）。把小磁针放置在水平硬纸板各处，接通电源。观察小磁针在各处的指向，并把小磁针N极的指向画在纸板上相应的位置。由此，你可以对直线电流磁场的磁力线的分布和方向做出初步判断。

大量实验表明，通电直导线周围的磁力线是一圈圈的同心圆，这些同心圆都在与导线垂直的平面上。改变电流的方向，各点的磁场方向都会变成相反的方向。直线电流的方向与其磁力线方向之间的关系可以用**安培定则**（又称右手螺旋定则）来判断：用右手握住导线，让伸直的拇指所指的方向

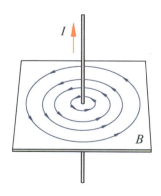

图7.1.11 直线电流的磁力线分布

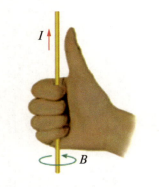

图 7.1.12 直线电流的安培定则

与电流的方向一致，弯曲的四指所指的方向就是磁力线环绕的方向（图 7.1.12）。

通电螺线管和环形电流的磁力线分布分别如图 7.1.13 和图 7.1.14 所示。在初中，我们已经学会了判断通电螺线管磁场的方向。通电螺线管可以看作是由多匝环形电流串联而成的。环形电流的磁场和通电螺线管的磁场都可以用如下方式判定：让右手弯曲的四指与环形电流（或通电螺线管中环形电流）的方向一致，伸直的拇指所指的方向就是环形电流（或通电螺线管）轴线上磁场的方向（图 7.1.15、图 7.1.16），这也称为安培定则。

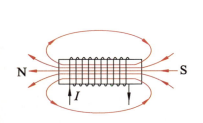

图 7.1.13 通电螺线管的磁力线分布

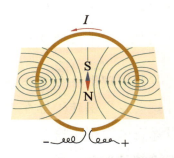

图 7.1.14 环形电流的磁力线分布

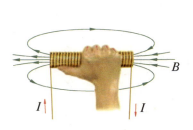

图 7.1.15 通电螺线管的安培定则

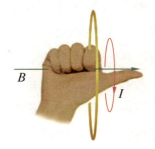

图 7.1.16 环形电流的安培定则

通过观察图 7.1.4 中条形磁铁周围的磁力线分布与图 7.1.13 中通电螺线管的磁力线分布，我们发现通电螺线管外部的磁场分布与条形磁铁类似。也就是说，在一些需要用到磁铁的装置中我们可以用通电螺线管来代替条形磁铁，我们将其称为电磁铁。那么电磁铁有什么优点呢？我们可以通过改变电流的大小或线圈的匝数来改变磁场的大小，还可以通过改变电流的方向来改变电磁铁的磁极。由于电流磁场的有无与强弱容易控制，因此电磁铁在实际生活中有很多重要应用，比如电磁起重机、电磁继电器、电话、发电机等。

生活·物理·社会

电磁铁门锁

如图 7.1.17 所示是一个电磁铁门锁的原理图。它主要由带弹簧的铁质插销和螺线管构成，用铁质插销将门锁住。当需要开门时，按下开关，电流流过螺线管，螺线管具有磁性后吸引铁棒，门因此可以打开；断开开关后，不再有电流流过螺线管，螺线管失去磁性，铁棒在弹簧的作用下回弹并将门锁上。这种方法也用于工厂的操作阀或者其他机器的远程遥控操作。

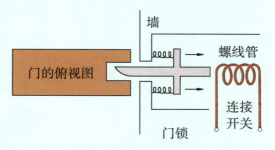

图 7.1.17　电磁铁门锁的原理图

中国工程

国产稳态强磁场实验装置

2022 年 8 月 12 日，由中国科学院合肥物质科学研究院强磁场科学中心研制的国产稳态强磁场实验装置（图 7.1.18）攀登"科技巅峰"，其混合磁体产生了 45.22 T 的稳态磁场，相当于地球磁场的 90 多万倍，这刷新了同类型磁体的世界纪录。稳态强磁场是物质科学研究需要的一种极端实验条件，也是推动重大科学发现的利器。在强磁场实验环境下，物质特性会受到调控，有利于科学家们发现物质新现象、探索物质新规律。

图 7.1.18　国产稳态强磁场实验装置

该稳态强磁场实验装置中共有 10 台磁体，分别是 5 台水冷磁体、4 台超导磁体和 1 台混合磁体。

水冷磁体：我们知道通电的螺线管会产生磁场，电流越大，磁场越强。稳态强磁场实验装置中的水冷磁体正是基于这样的基本原理设计的。而随着电流增大，由于电流的热效应，磁体内的热量超乎寻常地变大，这时就需要水冷磁体中高速流动的去离子水给磁体降温。目前我国制造的单个水冷磁体最高可以实现 38.5 T 的稳态磁场。

超导磁体：超导是一种非常有趣的物理现象，在一定的低温条件下，导体电阻将消失，电流的热效应被抑制。基于超导磁体特性，科研人员借助液氮和液氦冷却磁体以实现超导化。稳态强磁场实验装置拥有 4 台不同口径、不同用途的超导磁体。

混合磁体：从结构上看混合磁体是由外"超导磁体"和内"水冷磁体"组合而成的磁体。混合磁体是国际上技术难度最高的磁体，也是能够产生最强稳态磁场的磁体。

实践与练习

1. 某同学做奥斯特实验时，把小磁针放在水平的直导线的下方，通电后发现小磁针不动，稍微用手拨动一下小磁针，小磁针转动 180°后静止不动，请同学们自己课后实验，寻找其中的原因。

2. 如图 7.1.19 所示，直导线 AB、螺线管 E、电磁铁 D 三者相距较远，其磁场互不影响，当开关 S 闭合后，则小磁针 N 极（黑色端）指示磁场方向正确的是（　　）

A. a
B. b
C. c
D. d

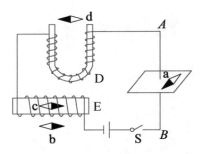

图 7.1.19　小磁针 N 极的指向

3. 试根据图 7.1.20 中磁力线的方向确定图中各导线内的电流方向。

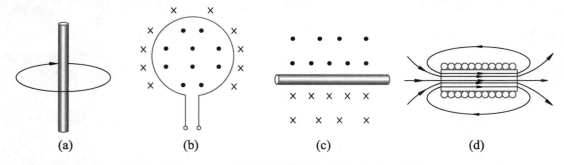

图 7.1.20　根据磁力线方向确定电流方向

4. 判断下列说法是否正确，并说明理由。

（1）磁力线是磁体周围空间实际存在的曲线。

（2）磁场是看不见也摸不着的，但是可以借助小磁针感知它的存在。

（3）由于磁场弱的地方磁力线稀疏，所以两条磁力线之间没有磁场。

7.2 安培力

家庭生活中的电风扇是利用电动机来工作的。电动机使电力代替了传统的机械力，推动了第二次工业革命。大家知道电动机是如何工作的吗？

7.2.1 磁场对通电导体的作用

电流能够产生磁场。反过来，磁场也能对处在其中的通电导体产生力的作用。

活动

观察磁场对通电导体的作用

如图 7.2.1 所示，把 U 形磁铁安装在铁架台上，将两根细铁丝连入电路中，再借助细铁丝把一段长直导体水平悬挂在 U 形磁铁的磁场中，磁场方向竖直向下。闭合开关，当导体棒通过电流时，会发生什么现象？

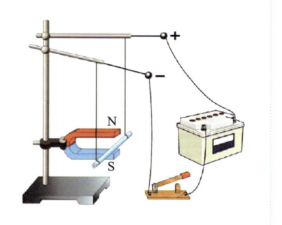

图 7.2.1 磁场中通电导体的运动情况

实验发现，通有电流的导体立即运动起来，这说明通电导体在磁场中受到了力的作用。安培首先通过实验总结出了这个力的特点。人们把通电导体在磁场中受到的力称为**安培力**。

7.2.2 安培力的方向和大小

我们发现，通电导体在磁场中运动。利用如图 7.2.1 所示的实验装置，尝试改变一些物理量，进一步探究安培力的方向与哪些因素有关。

> **活动**
>
> 探究安培力的方向与哪些因素有关
>
> 如图 7.2.1 所示，通过改变 U 形磁铁两极位置来改变磁场方向，或者通过改变电源正负极连接情况来改变电流方向。观察通电导体的运动方向，与大家一起交流并尝试总结出安培力的方向与磁场方向、电流方向的关系。

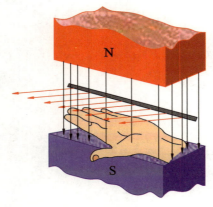

图 7.2.2 左手定则

实验中我们发现，改变磁场的方向或者改变通电导体中电流的方向，通电导体的运动方向都会随之改变。这说明通电导体受力的方向与电流的方向、磁场的方向都有关。

这三个方向之间的关系服从左手定则：如图 7.2.2 所示，伸开左手，使大拇指与四指在同一平面内且互相垂直，让磁力线垂直穿入手心，四指指向电流的方向，则大拇指所指的方向就是通电导体所受安培力的方向。

科学研究发现：在匀强磁场中，当通电导线与磁场方向垂直时，导线所受安培力 F 最大，其大小与磁感应强度 B、电流 I 和垂直于磁场方向的直导线的长度 L 都成正比，即

$$F = BIL \qquad (7.2.1)$$

式（7.2.1）被称为**安培定律表达式**。当导线的方向与磁感应强度 B 的方向平行时，导线所受安培力为零。

在国际单位制中，安培定律表达式中的 F、B、I、L 分别用牛（N）、特（T）、安（A）、米（m）作单位。

例题

某工程小组计划在某城市架设直流高压输电线路。其中一段长为 20 m 沿东西方向的直导线，载有大小为 2.0×10^3 A 的电流，电流方向由东向西。已知该城市地磁场的磁感应强度大小约为 3.4×10^{-5} T，且可视为由南向北的匀强磁场。地磁场对这段导线的作用力有多大？方向如何？

分析 首先，电流的方向和磁感应强度的方向不可能完全垂直，但根据题意，我们假设其完全垂直。其次，地磁场的磁感应强度其实是不均匀的，但是我们用它的近似平均值来计算，所以下面得到的是估算结果。电流方向由东向西，磁场方向由南向北，运用左手定则可判定安培力的方向。由于电流方向跟磁场方向垂直，安培力的大小可直接用 $F=BIL$ 进行计算。

解 由题意可知，$B=3.4\times10^{-5}$ T，$L=20$ m，$I=2.0\times10^3$ A；电流方向与磁场方向垂直。根据安培力计算公式，有

$$F=BIL=3.4\times10^{-5}\times2.0\times10^3\times20 \text{ N}=1.36 \text{ N}$$

根据左手定则，让磁力线垂直穿过手心（手心朝南），并使四指指向西，则拇指所指方向向下（竖直指向地面），这就是安培力的方向。

反思与拓展

由计算结果可知，地磁场对输电线的作用力很小，可忽略不计。但是信鸽可以灵敏地感受到地磁场对它的作用力，并利用这个作用力感知、判断方向。一般情况下，如图 7.2.3 所示，当载流直导线与磁场方向的夹角为 α 时，其所受安培力的大小 $F=BIL\sin\alpha$。

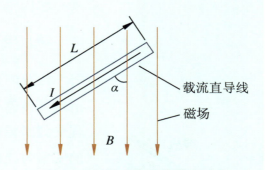

图 7.2.3 载流直导线的安培力

7.2.3 安培力的应用

▶ 磁电式仪表

利用通电线圈在磁场中发生偏转的现象制成的仪表称为磁电式仪表。这种仪表的基本结构如图 7.2.4 所示。根据通电线圈在磁场中受到的作用力，可以测量出电流的大小。怎样才能做到这一点呢？

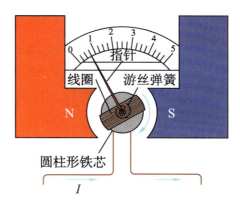

图 7.2.4 磁电式仪表的基本结构图

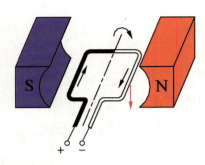

图 7.2.5 磁电式仪表内部线圈在安培力作用下转动

如图 7.2.5 所示，电流从线圈的左端流入、右端流出。此时，线框平行于磁场方向的边不受力，线框的左边受到向上的力，右边受到向下的力，这样就会产生一个使线框转动的力矩。这种作用在线框上的力矩的大小与线框中的电流成正比。线圈转动时，游丝弹簧变形，反抗线圈的转动。电流越大，安培力就越大，游丝弹簧的形变也就越大。所以，从线圈偏转的角度就能判断通过电流的大小，这就是磁电式仪表的工作原理。

蹄形磁铁的铁芯间的磁场是均匀分布的（图 7.2.6），无论线圈转到什么位置，线圈平面都与磁力线平行，这样就能保证电流表表盘的刻度均匀。线圈中的电流方向改变，则安培力的方向改变，指针的偏转方向也相应地改变。所以，根据指针的偏转方向就能判断被测电流的方向。

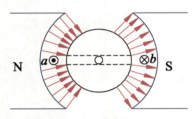

图 7.2.6 径向磁场分布情况

磁电式仪表的优点是灵敏度高，可以测量很弱的电流；缺点是绕制线圈的导线很细，允许通过的电流很弱（几十微安到几毫安），若通过的电流超过允许值，仪表很容易被烧坏，使用时一定要注意。

> **电磁炮**

传统的化学能火炮在发射过程中，后部的火药被点燃，造成气体体积迅速膨胀，推动弹体在炮膛里加速前进。其射程受到出膛速度的限制。电磁炮是利用电磁系统中磁场产生的安培力让抛射体（金属炮弹）加速，使其获得打击目标所需的动能。与传统的化学能火炮相比，电磁发射可大大提高炮弹的出膛速度和射程。电磁炮的基本原理如图 7.2.7 所示，抛射体与导轨有良好的电接触，导轨与电源连接构成回路。在导轨回路中通以较大的电流使其产生磁场，该磁场中的抛射体在较大安培力作用下沿导轨加速运动，最终以很高的速度被发射出去。

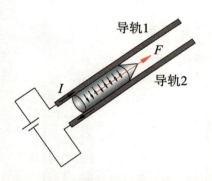

图 7.2.7 电磁炮的基本原理图

实践与练习

1. 判断正误：伸开左手，使拇指与其余四个手指垂直，并且都与手掌在同一平面内，让磁力线从掌背进入，并使四指指向电流方向，这时拇指所指的方向就是通电导线在磁场中所受安培力的方向。（　　）

2. 关于匀强磁场中直导线所受的安培力，下列说法正确的是（　　）

A. 通电直导线在磁场中一定会受到安培力

B. 只有垂直于磁场方向放置的通电直导线才受到安培力

C. 只有平行于磁场方向放置的通电直导线才受到安培力

D. 在磁场中的某一位置，当通电直导线垂直于磁场方向放置时，受到的安培力最大

3. 某同学说："一小段通电导线放在空间的某点，如果不受安培力的作用，则该点的磁感应强度一定为零。"这种说法对吗？为什么？

4. 如图7.2.8所示，在架子上并排悬挂着两条导线（上端绕成弹簧状，以便它们在受力时改变形状），给它们通以方向相同的电流，会发生什么现象？给它们通以方向相反的电流，又会发生什么现象？怎样解释这些现象？

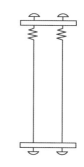

图7.2.8　通入电流前并排的两条导线

7.3 学生实验：制作简易直流电动机

【实验目的】

（1）学会利用身边的物品制作简易电动机。

（2）通过制作，加深对电动机工作原理的理解。

【实验器材】

如图7.3.1所示是可以制作简易电动机的实验装置。我们使用回形针代替导线并且同时作为线圈的支架。线圈是本实验的关键，为了保证电动机能够顺利运转，就需要用漆包线（直径为0.5～1 mm）设计出合理的线圈。考虑到安全因素，实验电源电压不应太高，同时为实现线圈的旋转，电源电压也不应太低，所以可以选择1.5 V的干电池作为电源，

图7.3.1 简易电动机

同时选用圆柱形的强磁铁进行制作。本实验需要用到的实验器材如表7.3.1所示，当然也可以用生活中同样功能的其他物品替代。

表7.3.1 实验器材

序号	名称	规格型号	数量	单位
1	漆包线	直径1 mm，长度约1 m	1	匝
2	干电池	1.5 V	1	节
3	圆柱形强磁铁	直径10 mm	10	个
4	回形针	—	2	枚

【实验步骤】

（1）将漆包线缠在圆柱形笔杆上，做成几匝圆线圈，两端留有线头。将其中一端线头的漆皮全部刮去，另一端只刮去一半。

（2）用2枚回形针做支架，分别与电池的正负极相连并且用胶带固定好，再将制作好的线圈放于支架上。

（3）将5～6个圆柱形磁铁吸在电池中间（线圈下方），轻轻旋转线圈，观察线圈旋转的情况。

【注意事项】

（1）线圈不转动，其原因通常有以下几个方面：

① 电路因引线端漆刮不干净出现接触不良，可在电路中串入一个发光二极管进行反接，防止接触不良导致电路中其他元器件损坏。

② 漆包线直径大且匝数多，造成引线与金属丝支架摩擦大，一般情况下线圈做成 3 cm×2 cm 的矩形或椭圆形即可，线圈匝数视漆包线直径大小自行调节，一般不超过 5 匝。

③ 漆包线引线部分漆刮去的比例大，造成电路几乎一直处于通路状态，通常情况下引线一端全刮，另一端刮去一半，且注意尽量做到刮漆交界面与线圈所在平面垂直。

（2）线圈有跳动现象或很快停止转动，其原因是忽略了线圈通电前的平衡性检测，即线圈在不通电的情况下可以自由地在水平方向上静止平衡而非竖直方向。制作时两根引线与线圈要在水平桌面上且使两根引线在同一条直线上，同时使引线基本通过线圈中心，使线圈在以引线为转轴时能够保证平衡转动。

【交流与评价】

（1）在制作简易电动机时，为什么需要将一端引线刮去一半，另一端全部刮去？若有同学将两端线头的漆皮都刮去，会发生什么现象？

（2）如果颠倒磁铁方向，制作的简易电动机的旋转方向有什么变化？

（3）你能否依据自己的想象，制作出不同的简易电动机？

实践与练习

1. 如图 7.3.2 所示，用漆包线、强磁铁、铁钉和干电池制作简易电动机，并且简述这个电动机的工作原理。如果想让该电动机变为简易的电扇，应该怎样设计？

2. 有哪些因素会影响简易电动机的转速？请通过实验说明。

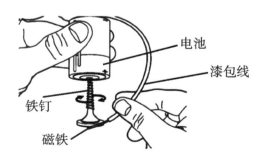

图 7.3.2 简易的铁钉电动机

7.4 电磁感应

无线充电不需要像传统充电器那样经过线缆传输电到设备里，只需要使设备和无线充电基座接触，就能进行充电。那么无线充电技术是通过什么原理实现的呢？

7.4.1 "磁生电"的探索

奥斯特发现了电流的磁效应之后，科学家们从对称性的角度开始思考：既然电流的周围存在磁场，那么磁场能不能使导线中产生电流呢？

在初中我们学习了闭合电路的一部分导体在磁场中做切割磁力线的运动时，电路中就会产生感应电流，如图 7.4.1 所示。那么，切割磁力线是产生感应电流的唯一方法吗？如果有其他方法，那么这些方法有什么本质上的联系呢？

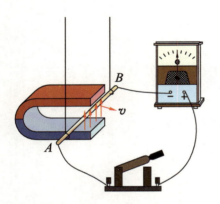

图 7.4.1 导体做切割磁力线运动

为了便于分析"磁生电"的本质，我们将图 7.4.1 中的实验装置进行简化，如图 7.4.2 所示。思考当导体 AB 做切割磁力线的运动时，哪个物理量发生了变化？

我们在描述磁场的大小时引入了一个物理量——磁通量。磁感应强度 B 与平面面积 S 的乘积，称为穿过这个面的**磁通量**。由图 7.4.2 可以发现，当导体 AB 做切割磁力线的运动时，磁场穿过闭合回路 ABCD 的面积发生了变化，而磁场不变，即闭合回路的磁通量发生了变化。闭合回路中感应电流的产生是否和磁通量的变化有关呢？

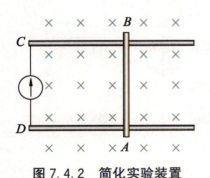

图 7.4.2 简化实验装置

> **活动**
>
> **探究感应电流的产生是否与磁通量的变化有关**
>
> 如图 7.4.3 所示，将螺线管 B 与电流表相连，将螺线管 A 与滑动变阻器串联后接到电源上，并将螺线管 A 插入螺线管 B 中。观察在下列情况中螺线管 B 所在回路中是否有电流产生，并思考螺线管 B 的磁通量变化情况。
>
> （1）开关闭合的瞬间；
> （2）开关断开的瞬间；
> （3）闭合开关后移动滑动变阻器的滑片；
> （4）闭合开关后保持滑动变阻器的滑片不动。

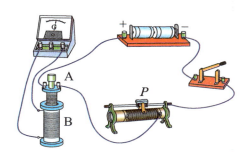

图 7.4.3　实验装置图

在闭合开关的瞬间，螺线管 A 中的磁场由零开始增强，由于螺线管 A 插在螺线管 B 内，因此穿过螺线管 B 的磁通量增大；同样地，在断开开关的瞬间，穿过螺线管 B 的磁通量会减小；闭合开关后移动滑动变阻器的滑片，螺线管 A 中的电流会发生变化，导致螺线管 A 中的磁场也发生变化，穿过螺线管 B 的磁通量相应地发生变化；闭合开关后保持滑动变阻器的滑片不动时，穿过螺线管 B 的磁通量不变。

从上面的实验结果可以看出，当穿过螺线管 B 的磁通量不变时，螺线管 B 所在回路中没有电流产生；当穿过螺线管 B 的磁通量发生变化时，闭合回路中就会有电流产生。以上活动结果及其他事实表明：**只要闭合回路中的磁通量发生变化，闭合回路中就会产生电流。**

对于闭合电路的一部分导体做切割磁力线运动时，我们可以用右手定则来判断回路中感应电流的方向。如图 7.4.4 所示，伸开右手，使大拇指与其他四指垂直并且在同一平面内，让磁力线垂直穿过掌心，并使拇指指向导体运动的方向，则四指所指的方向就是感应电流的方向。

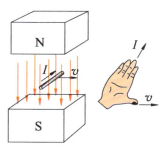

图 7.4.4　右手定则

7.4.2　法拉第电磁感应定律

在电磁感应现象中既然存在感应电流，那么电路中一定存在电动势，我们把电磁感应现象中产生的电动势称为**感应电动势**。产生电动势的那部分导体相当于电源，所以即使电路不闭合，感应电动势依然存在。

在"探究感应电流的产生是否与磁通量的变化有关"的活动中，螺线管 B 就相当于电源。如果我们知道感应电动势的大小，就能根据闭合电路欧姆定律计算出感应电流的大小。那么感应电动势的大小与哪些因素有关呢？

精确的实验表明：闭合回路中感应电动势的大小，与穿过这一闭合回路的磁通量的变化率成正比，这就是**法拉第电磁感应定律**。

设 t_1 时刻穿过闭合回路的磁通量为 Φ_1，t_2 时刻穿过闭合回路的磁通量为 Φ_2，则在 $\Delta t = t_2 - t_1$ 时间内磁通量的变化量为 $\Delta\Phi = \Phi_2 - \Phi_1$，磁通量的变化率为 $\dfrac{\Delta\Phi}{\Delta t}$，若感应电动势用 E 表示，则

$$E = k\frac{\Delta\Phi}{\Delta t} \tag{7.4.1}$$

其中 k 为比例常数。在国际单位制中，E 的单位是伏（V），Φ 的单位是韦（Wb），t 的单位是秒（s）。若式（7.4.1）中各物理量都取国际单位，则比例常数 $k=1$，上式可写成

$$E = \frac{\Delta\Phi}{\Delta t} \tag{7.4.2}$$

由单根导线组成的闭合回路可以看作是只有一匝的线圈，如果线圈的匝数为 n，线圈的截面积相同，每匝线圈中的感应电动势都是 $\dfrac{\Delta\Phi}{\Delta t}$，$n$ 匝线圈串联在一起，整个线圈中的感应电动势为

$$E = n\frac{\Delta\Phi}{\Delta t} \tag{7.4.3}$$

因此，在实际应用中，为了获得较大的感应电动势，常采用多匝线圈。

例题

如图 7.4.5 所示，假设铝框的边长分别为 a 和 b（b 足够长），匝数为 n，电阻为 R，铝框的长边与 x 轴平行，铝框以初速度 v_0 水平地从磁场外进入磁感应强度为 B 的匀强磁场中，运动过程中速度保持不变，求铝框中感应电流的大小。

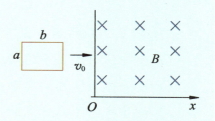

图 7.4.5 简化示意图

分析 本题求铝框中感应电流的大小，已知铝框的电阻，我们只需要求出铝框的感应电动势即可。

解 感应电动势的表达式 $E=n\dfrac{\Delta \Phi}{\Delta t}$，铝框的匝数为 n，Δt 时间内铝框的磁通量变化量为 $\Delta\Phi=v_0 aB\Delta t$，故可得

$$E=n\dfrac{\Delta \Phi}{\Delta t}=nBav_0$$

则感应电流为

$$I=\dfrac{E}{R}=\dfrac{nBav_0}{R}$$

反思与拓展

在上面的计算中，我们从磁通量发生变化的角度来计算感应电动势的大小。可以发现，感应电动势的大小与边长为 a 的导线部分有关，而与边长为 b 的导线部分无关，这是为什么呢？

原来，线圈中边长为 a 的导线在做切割磁力线的运动，而边长为 b 的导线不做切割磁力线的运动。那么如何计算导体切割磁力线产生的感应电动势呢？

假设铝框切割磁力线的长度为 L，切割速度为 v，在时间 Δt 内，铝框面积的变化量为 $\Delta S=Lv\Delta t$，穿过铝框的磁通量的变化量为 $\Delta \Phi=B\Delta S=BLv\Delta t$，因此感应电动势 $E=\dfrac{\Delta \Phi}{\Delta t}=BLv$，与我们上面的计算结果相符。所以，当铝框在匀强磁场中做垂直切割磁力线的运动时，感应电动势等于磁感应强度 B、导线长度 L、导线运动速度 v 的乘积。

实践与练习

1. 如图 7.4.6 所示，在下列几种情况下，闭合回路中是否产生感应电流？

(1) 使导体 AB 上下运动；

(2) 使导体 AB 左右运动；

(3) 使导体 AB 以中点为中心旋转。

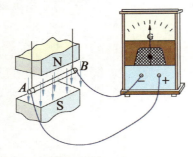

图 7.4.6 闭合回路中是否产生感应电流

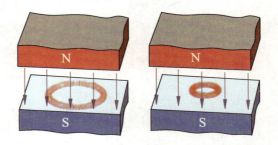

图 7.4.7 线圈收缩过程中是否产生感应电流

2. 如图 7.4.7 所示，磁场中有一个闭合的弹簧线圈。先把线圈撑开，然后放手，让线圈收缩。线圈收缩的过程中，是否产生感应电流？为什么？如果产生感应电流，判断线圈收缩过程中感应电流的方向。

3. 如图 7.4.8 所示，矩形线圈 ABCD 位于通电长直导线附近，线圈与导线在同一平面内，线圈的两条边与导线平行。在这个平面内，线圈远离导线时，线圈中有没有感应电流？线圈和导线都不动，当导线中的电流 I 逐渐增大或减小时，线圈中有没有感应电流？为什么？

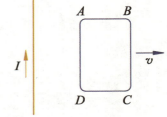

图 7.4.8 矩形线圈中是否产生感应电流

4. 若有一个 500 匝的线圈，在 0.5 s 内通过它的磁通量从 0.5 Wb 增加到 3 Wb，求线圈中感应电动势的大小。如果线圈的总电阻是 10 Ω，把一个电阻为 990 Ω 的电热器连接在它的两端，求通过电热器的电流大小。

5. 如图 7.4.9 所示，判断在下列几种情况下闭合回路中感应电流的方向。

(1) 增大电路中电流的大小；

(2) 使导体 AB 水平向右运动。

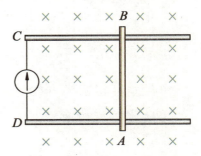

图 7.4.9 闭合回路中感应电流的方向

7.5 电磁感应现象的应用

在机场、高铁站和考场等地,同学们经常会看到工作人员用金属探测仪进行安保、检查工作。为什么金属探测仪能够检测出隐藏的金属器件呢?

7.5.1 互感现象

在探究感应电流的产生是否与磁通量的变化有关时,采用了如图 7.5.1 所示的电路。利用了分别处于两个回路的两个螺线管 A 和 B,并且发现,尽管两个螺线管之间没有导线连接,但当一个螺线管线圈中的电流变化时,它所产生的变化的磁场会在另一个螺线管线圈中产生感应电动势。这种现象称为**互感现象**,这种感应电动势称为**互感电动势**。

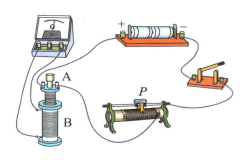

图 7.5.1 实验装置图

互感是一种常见的电磁感应现象,它不仅可以发生于绕在同一铁芯上的两个线圈之间,而且可以发生于任何两个相互靠近的电路之间。在电力工程和电子线路中,互感现象有时会影响电路的正常工作,这时要设法减小电路间的互感。

利用互感现象可以把能量由一个线圈传递到另一个线圈,因此互感在电工技术和电子技术中有广泛的应用。变压器就是利用互感原理制成的。

7.5.2 变压器与高压输电

变压器对于维持我们的日常生活起着至关重要的作用。发电厂的大型发电机电压一般在 10 kV 左右,而输电线路上的电压通常为几百千伏甚至几千千伏,因此需要采用变压器来升压。如图 7.5.2 所示是变电站的大型

图 7.5.2 变电站的大型升压变压器

升压变压器。在实际应用中，不同的用电设备通常要求的电压也不同。例如，家用电路的额定电压为 220 V，工厂电动机的额定电压通常为 380 V，因此需要使用变压器来适应不同的电压需求。如图 7.5.3 所示是降压变压器。

图 7.5.3 降压变压器

变压器的基本结构如图 7.5.4 所示。变压器由闭合铁芯和绕在铁芯上的线圈组成，其中闭合铁芯由表面涂有绝缘漆的硅钢片叠合而成，线圈由绝缘导线绕成。其中与电源连接的线圈称为**原线圈**，也称为**初级线圈**；与负载连接的线圈称为**副线圈**，也称为**次级线圈**。

互感现象是变压器工作的基础，电流通过原线圈时在铁芯中激发磁场，对于交流，由于电流的大小、方向在不断变化，铁芯中的磁场也在不断变化。在理想变压器中，通常认为交变磁场的磁通量都集中于铁芯内，铁芯外部无磁场，同时忽略铁芯中的损耗。

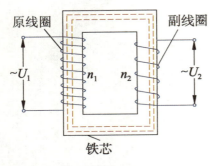

图 7.5.4 变压器的基本结构

设原、副线圈的匝数分别是 n_1、n_2，在原线圈上加交变电压 U_1，在铁芯中就会产生交变的磁通量。同时，这个交变的磁通量也会穿过副线圈，并在副线圈中产生感应电动势。将用电器接到副线圈的两端，副线圈电路中就有电流通过，此时用电器上的电压就是副线圈两端的电压 U_2。设原、副线圈产生的感应电动势分别为 E_1、E_2，由法拉第电磁感应定律有

$$E_1 = n_1 \frac{\Delta \Phi}{\Delta t} \qquad (7.5.1)$$

$$E_2 = n_2 \frac{\Delta \Phi}{\Delta t} \qquad (7.5.2)$$

由式（7.5.1）和式（7.5.2）可得 $\frac{E_1}{E_2}=\frac{n_1}{n_2}$。在理想变压器中，不计两线圈阻抗、忽略各种损耗，输入电压 U_1 和输出电压 U_2 分别等于其感应电动势 E_1、E_2，因而有

$$\frac{U_1}{U_2}=\frac{n_1}{n_2} \qquad (7.5.3)$$

上式说明，理想变压器原、副线圈的电压 U_1、U_2 与其原、副线圈的匝数成正比。

输送电能的基本要求是可靠、保质、经济。设输电电流为 I，输电线的电阻为 r，则输电线上有功率损失 P，即 $P=$

I^2r。远距离输电时,为了降低输电线路中的损耗,就要减小输电电流;为了保证向用户提供一定的电功率,就要提高输电电压。目前我国远距离输电采用的电压有 110 kV、220 kV、330 kV,输电干线已经采用 500 kV 和 750 kV 的超高压,西北电网甚至达到 1 100 kV 的特高压。输电电压也不是越高越好。电压越高,对输电线路绝缘性能的要求就越高,线路修建费用就会增加。实际输送电能时,要综合考虑各种因素,如输送功率的大小、距离的远近、技术和经济要求等,依照不同情况选择合适的输电电压。

7.5.3 涡流

当某线圈中的电流随时间变化时,由于电磁感应,附近的另一个线圈中可能会产生感应电流。实际上,这个线圈附近的任何导体,如果穿过它的磁通量发生变化,导体内就会产生感应电流,如图 7.5.5 中虚线所示,用图表示这样的感应电流,看起来就像水中的漩涡,所以把它称为**涡电流**,简称**涡流**。

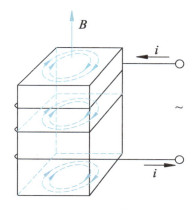

图 7.5.5 涡流

如果将块状金属放在变化的磁场中,由法拉第电磁感应定律可知,金属块也将产生感应电动势。该感应电动势在金属块内构成的闭合回路中产生感应电流,这个电流也是涡流。由于整块金属的电阻很小,涡流常常很大。涡流会引起金属发热,这不仅会损耗大量电能,还可能会烧坏设备、引起事故。变压器的铁芯用涂有绝缘漆的薄硅钢片叠压而成,而不是用一整块铁制成,就是为了减小其中的涡流。

电磁炉是一种清洁、高效的炊具,它的原理就和涡流有关。如图 7.5.6 所示,陶瓷玻璃面板下方有一个励磁线圈,交流经过整流变为直流,再使其变为高频电流通过线圈,进而产生变化的磁场。当将由铁磁材料制成的烹饪容器放置在面板上时,锅底处在变化的磁场中,产生很强的涡流,使锅本身自行高速发热,进而加热锅中的食物。通过控制交变电流的大小,我们就能够控制电磁炉的功率。

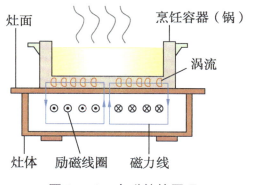

图 7.5.6 电磁炉的原理

7.5.4 电磁阻尼与电磁驱动

当闭合电路中的一部分导体在磁场中做切割磁力线的运动时，导体中会产生感应电流，感应电流使导体受到安培力作用，安培力总是阻碍导体的运动，这种现象称为**电磁阻尼**。电磁阻尼广泛应用于需要稳定摩擦力以及制动力的场合，如电表、电磁制动机械、磁悬浮列车等。

如图 7.5.7 所示是磁电式电表，其内部结构是将线圈绕在一个轻铝框上，线圈通电后会受力，从而带动指针和铝框一起转动。在电磁阻尼的作用下，线圈很快停止摆动，使指针能很快稳定指到读数位置上。在电表闲置或者搬运时，为了减少线圈与指针的剧烈摆动，可以用导线将正、负接线柱短接。这样，线圈形成的闭合回路在磁场中摆动时出现感应电流，产生电磁阻尼，既可避免指针因剧烈摆动而变形，又可减小轴承处的磨损。

图 7.5.7 磁电式电表

如果磁场相对于导体转动，在导体中会产生感应电流，感应电流使导体受到安培力的作用，安培力使导体运动起来，这种现象称为**电磁驱动**。

感应电动机（图 7.5.8）是应用电磁驱动的一个典型实例。感应电动机配置的三个线圈连接到三相电源上，就能产生一个旋转的磁场，磁场中的导线框也就随着转动。这样，电动机就能够把电能转化为机械能。

图 7.5.8 感应电动机

 生活·物理·社会

无线充电技术

随着科学技术的发展，无线充电技术已经从梦想成为现实，从概念变成商用产品。目前市面上支持无线充电的产品有很多，如电动牙刷、手机、手表、汽车等，可以预见未来会有更多的设备支持无线充电。

当前无线充电技术主要有电磁感应式、磁共振式、无线电波式、电场耦合式四种基本方式，其中电磁感应式是当前最成熟、最普遍的无线充电技术，原理类似于变压器，其优点是能量传输效率较高、技术简单，缺点是传输距离短、使用位置相对固定。

无线充电技术的原理简单来说就是"电生磁，磁生电"，电场和磁场在一定条件下是可以互相转换的。无线充电是基于这样一个原理来实现的，如图 7.5.9 所示，在无线充电基座（电力输出线圈）中将交流转换成磁场输出，而设备（电力接收线圈）再将磁场转换成交流给设备使用。

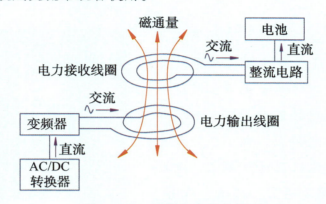

图 7.5.9　无线充电技术原理

目前，无线充电产业尚处于发展的初期，无线充电技术也在不断发展，无论是哪种方式，传输距离范围只会越来越大，传输效率也会越来越高。

 实践与练习

1. 判断下列说法是否正确。

（1）当一个线圈中的电流变化时，它所产生的变化的磁场会在自身激发出感应电动势，这种现象称为互感现象。

（2）在变压器中，与电源连接的线圈称为原线圈。

（3）电磁炉的工作原理是涡流的热效应。

2. 如图 7.5.10 所示是用涡电流金属探测器探测地下金属物体的示意图。探雷器由长柄和带有变化电流的线圈组成，当线圈扫过地面时，如果地下埋着金属物品，金属中会感应出涡流，涡流的磁场反过来影响线圈中的电流，使仪器报警。下列关于该探测器的说法正确的是（　　）

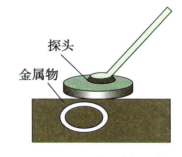

图 7.5.10　探测金属物

A. 探测器内的探测线圈会产生交变磁场

B. 探测器只能探测到有磁性的金属物

C. 探测器能探测到地下的金属物是因为探头中产生了涡流

D. 探测器能探测到地下的金属物是因为金属物中产生了涡流

3. 宇航员飞到某一个不熟悉的行星上，他们想用一个灵敏电流表和一个线圈测量行星上是否有磁场，应该怎么办？

7.6 电磁振荡 电磁波

拨打手机，便能与远在异地的亲友通话；打开电视，便能看到千里之外体育比赛的实况直播，是谁跨越千山万水将这些声音、图像信号送到我们的面前？这位神奇的"使者"就是电磁波。电视、无线电广播、移动通信等都离不开电磁波。它已广泛地应用于国防、通信、天文、气象、航天、航海等各个方面。那么，电磁波是怎样形成的呢？

7.6.1 电磁振荡

▶ 电容器与电容

能储存电荷的电学元件称为**电容器**。例如，两块彼此绝缘的平行金属板构成最简单的平行板电容器。电容器具有储存电荷的能力。将不带电的电容器的两极板连接电源，这一说法称为对电容器充电，电容器两极板会分别带上等量异种电荷。电容器充电后，两极板间存在电场，电荷因受静电力的作用而储存在极板上。当充电后的电容器两极板通过电流计接通时，电路中会形成瞬时电流而发生放电，使两极板的电荷中和而不再带电，这一过程称为电容器的放电过程。

在电容器充电的过程中，两极板间的电压 U 随着极板上电荷量的增加而增大；在电容器放电的过程中，两极板间的电压 U 随着极板上电荷量的减少而减小。理论和实验证明，对于同一个电容器，$\dfrac{Q}{U}$ 的值不变；对于不同的电容器，$\dfrac{Q}{U}$ 的值一般不同。我们把 Q 与 U 之比称为**电容**，用符号 C 表示，

$$C=\dfrac{Q}{U} \tag{7.6.1}$$

式中，Q 是指电容器的一个极板上电荷量的绝对值。电容表

示电容器储存电荷的能力。在国际单位制中,电容的单位是法拉,简称法(F)。1 F=1 C/V,电容的单位还有微法(μF)、皮法(pF)等,1 μF=10^{-6} F,1 pF=10^{-12} F。

> **自感与自感电动势**

当导体中的电流变化时,它所产生的变化的磁场在导体本身激发出感应电动势,这种现象称为**自感**,而由于自感而产生的感应电动势称为**自感电动势**。自感电动势阻碍导体中电流的变化,当导体中电流增加时,自感电动势阻碍导体中电流的增加;当导体中电流减少时,自感电动势又阻碍导体中电流的减少。自感电动势 E 与电流的变化率成正比,即

$$E_L = L \frac{\Delta I}{\Delta t} \quad (7.6.2)$$

式中,L 是比例系数,称为线圈的自感系数。在国际单位制中,自感系数的单位是亨利,简称亨(H)。自感的常用单位还有毫亨(mH)和微亨(μH),它们之间的换算关系为 1 H=10^3 mH=10^6 μH。

> **电磁振荡**

把自感线圈、电容器、电流计、单刀双掷开关和电池组组成如图 7.6.1 所示的电路。线圈套在铁芯上,可以有效地将磁力线聚集在一起,增大自感系数。

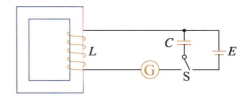

图 7.6.1 LC 振荡电路

先把开关扳到电池组一边,给电容器充电;然后把开关扳到线圈一边,让电容器通过线圈放电,观察电流计指针的偏转情况。

实验表明,电流计指针会左右摆动。这表明电路中产生了大小和方向都在做周期性变化的电流。通常我们把这种交变电流称为**振荡电流**,能够产生振荡电流的电路称为**振荡电路**。由线圈和电容器组成的电路是一种最简单的振荡电路,简称 **LC 振荡电路**。

LC 振荡电路是怎样产生振荡电流的呢?

当开关刚扳到线圈一边的瞬间,被充电的电容器尚未放电,两极板间电压为最大值,电路中电流为零,电路中的能量全部是电容器里储存的电场能[图 7.6.2 (a)]。

随后，电容器开始放电，由于线圈的自感作用，自感电动势阻碍线圈中电流的增加，电路中的电流不能立刻达到最大值，而是逐渐增大，线圈的自感系数越大，这个现象越明显，线圈能够体现电的"惯性"。在这个过程中，线圈周围的磁场随电流的增大而增强。同时，电容器两极板上正、负电荷不断中和减少，因而电场不断减弱。当电容器放电完毕时，电流达到最大值，由该电流产生的磁场也达到最强，电场能全部转化为磁场能[图 7.6.2（b）]。

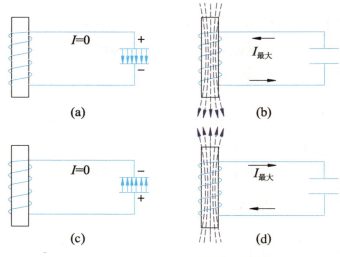

图 7.6.2　电磁振荡

如果没有线圈，电容器放完电后，电流会立刻变为零。由于有线圈的自感作用，自感电动势会阻碍线圈中电流的减小，电流不会立刻变为零，而是保持原来的方向继续流动，使电容器反向充电。在这个过程中，磁场减弱，电场增强。这样，电路中的磁场能又逐渐转变成电场能。电容器反向充电完毕时，电路中电流为零，电容器两极板间电压达最大值，磁场能全部转变成电场能[图 7.6.2（c）]。

此后，电容器开始反向放电，产生跟以前相反的电流。当放电完毕时，电流又达到最大值，电场能又全部变为磁场能[图 7.6.2（d）]。接着又给电容器正向充电。充电完毕时，磁场能又全部转变成电场能，回到最初的状态。

上述全部过程将循环反复下去，从而在电路中产生大小和方向都在做周期性变化的电流，同时电场能和磁场能也发生周期性的转化，这种现象称为**电磁振荡**。

7.6.2 振荡电路的固有周期和固有频率

电路完成一次全振荡所需要的时间，称为**振荡电路的周期**；1 s 内完成全振荡的次数，称为**振荡电路的频率**。

理论研究表明，LC 振荡电路的周期 T 和频率 f 与电路的自感系数 L、电容 C 满足如下关系：

$$T = 2\pi\sqrt{LC} \tag{7.6.3}$$

$$f = \frac{1}{T} = \frac{1}{2\pi\sqrt{LC}} \tag{7.6.4}$$

式中，周期 T、频率 f、电感系数 L、电容 C 的单位分别是秒（s）、赫（Hz）、亨（H）、法（F）。

从周期和频率的表达式可以看出，周期和频率由电路本身的性质决定，分别称为电路的固有周期和固有频率。要改变电路的固有周期和固有频率，只要改变电容 C 或自感系数 L 即可。实际电路中使用的振荡器主要是晶体振荡器，其工作原理与 LC 振荡电路基本相同。

7.6.3 电磁场与电磁波

英国物理学家麦克斯韦在法拉第等人研究成果的基础上，于 1863 年创立了统一的电磁场理论，并根据这一理论预言了电磁波的存在。1896 年，俄国学者波波夫在 250 m 距离上传递了世界上第一份无线电电报。1901 年，意大利工程师马克尼首先实现了横跨英法海峡的无线电电报通信。从此，电磁场理论作为无线电的基础，使无线电技术得到了迅速的发展。

由法拉第电磁感应定律可知，只要磁场发生变化，在它的周围空间就会产生电场。麦克斯韦在电流产生磁场的实验的基础上，深入分析和研究了电容器充、放电时电流产生磁场的现象，指出变化的电场如同电流一样，也能产生磁场。

如果在空间某处存在周期性变化的电场，那么在它邻近的区域必然产生周期性变化的磁场，该磁场又要在它周围的区域产生电场。周期性变化的电场和磁场就这样相互激发，形成一个不可分割的统一体，这就是**电磁场**。

这种周期性变化的磁场和电场在空间由近及远地传播，形成**电磁波**。1887 年，德国物理学家赫兹用实验证实了电磁波的存在。真空中电磁波的传播速度和光速相同。

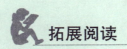 拓展阅读

无线电波

技术上把波长大于 1 mm（频率低于 300 GHz）的电磁波称作无线电波，并按波长（频率）划分为若干波段。不同波段的无线电波的传播特点不一样，发射、接收所用的设备和技术也不尽相同，因此各有各的用途。无线电波的波段划分如表 7.6.1 所示。

表 7.6.1　无线电波的波段划分

波段		波长/m	频率/MHz	主要用途
长波		3 000～30 000	0.01～0.1	广播、导航
中波		200～3 000	0.1～1.5	
中短波		50～200	1.5～6	
短波		10～50	6～30	
微波	米波（VHF）	1～10	30～300	广播、导航、电视
	分米波（UHF）	0.1～1	300～3 000	电视、雷达、移动通信、导航、射电天文
	厘米波	0.01～0.1	3 000～30 000	
	毫米波	0.001～0.01	30 000～300 000	

 实践与练习

1. 我们在使用收音机收听电台节目时，需要用收音机上的调频旋钮来切换不同的频道，这属于电磁波发射接收过程的哪一环节？收音机上通常有一根可伸缩的天线，它的作用是什么？

2. 频率为 990 kHz 的无线电波的波长是频率为 1 450 kHz 的无线电波的波长的几倍？

3. LC 振荡电路中，在自感线圈中插入软铁芯，则振荡电路的固有频率将（　　）

A. 变大　　　B. 变小　　　C. 不变　　　D. 无法确定

4. 某电台所用的电磁波的频率有 640 kHz 和 7 500 kHz，试分别计算出它们的波长。

小结与评价

内容梳理

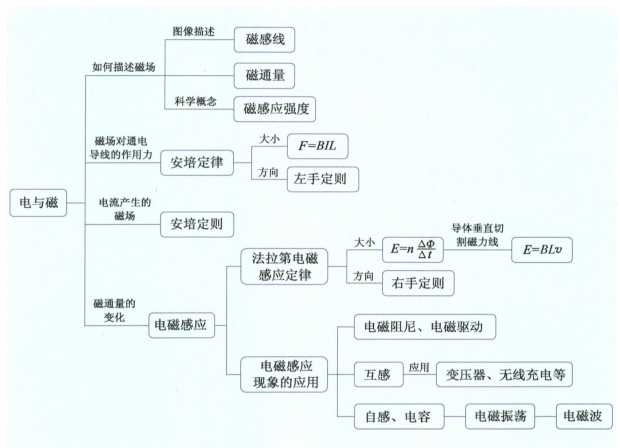

问题解决

1. 如图所示,一架直升机停在南半球的地磁极上空,该处地磁场的方向竖直向上,磁感应强度为 B。从下往上看,螺旋桨顺时针转动,叶片长度为 l,转动频率为 f。设螺旋桨叶片近轴端为 a,远轴端为 b,忽略近轴端到转轴中心线的距离,试计算每个叶片中产生的感应电动势 U_{ab} 的大小。叶片中有感应电流吗?为什么?

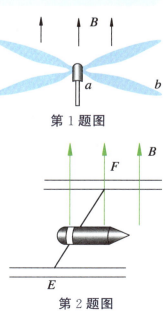

第 1 题图

第 2 题图

2. 电磁炮的主要原理如图所示,利用这种装置可以把质量为 2 kg 的弹体(包括金属杆 EF 的质量)加速到 6 km/s。若这种装置的轨道宽为 2 m、长为 100 m,通过的电流为 5×

10^6 A，忽略摩擦，求轨道间所加匀强磁场的磁感应强度大小。

3. 利用家用电器动手实验，研究电磁波的发射、接收、反射、屏蔽等现象，并简单交流。

4. 蓝牙技术是一种短距离数字化的无线电技术，它可以在小型终端设备间实现低成本、近距离的无线连接。现代社会，蓝牙技术已经深入社会生活的方方面面，并且不断地创造出新的应用场景。查阅资料，了解蓝牙技术的工作原理、发展历史以及未来趋势，完成一篇以"蓝牙技术的前世今生"为主题的调研报告。